충청남도농업기술원딸기연구소
농촌진흥청
충남딸기산학연협력단

고품질 우량묘 생산을 위한
딸기 촉성재배 육묘기술

대표저자 **이인하**

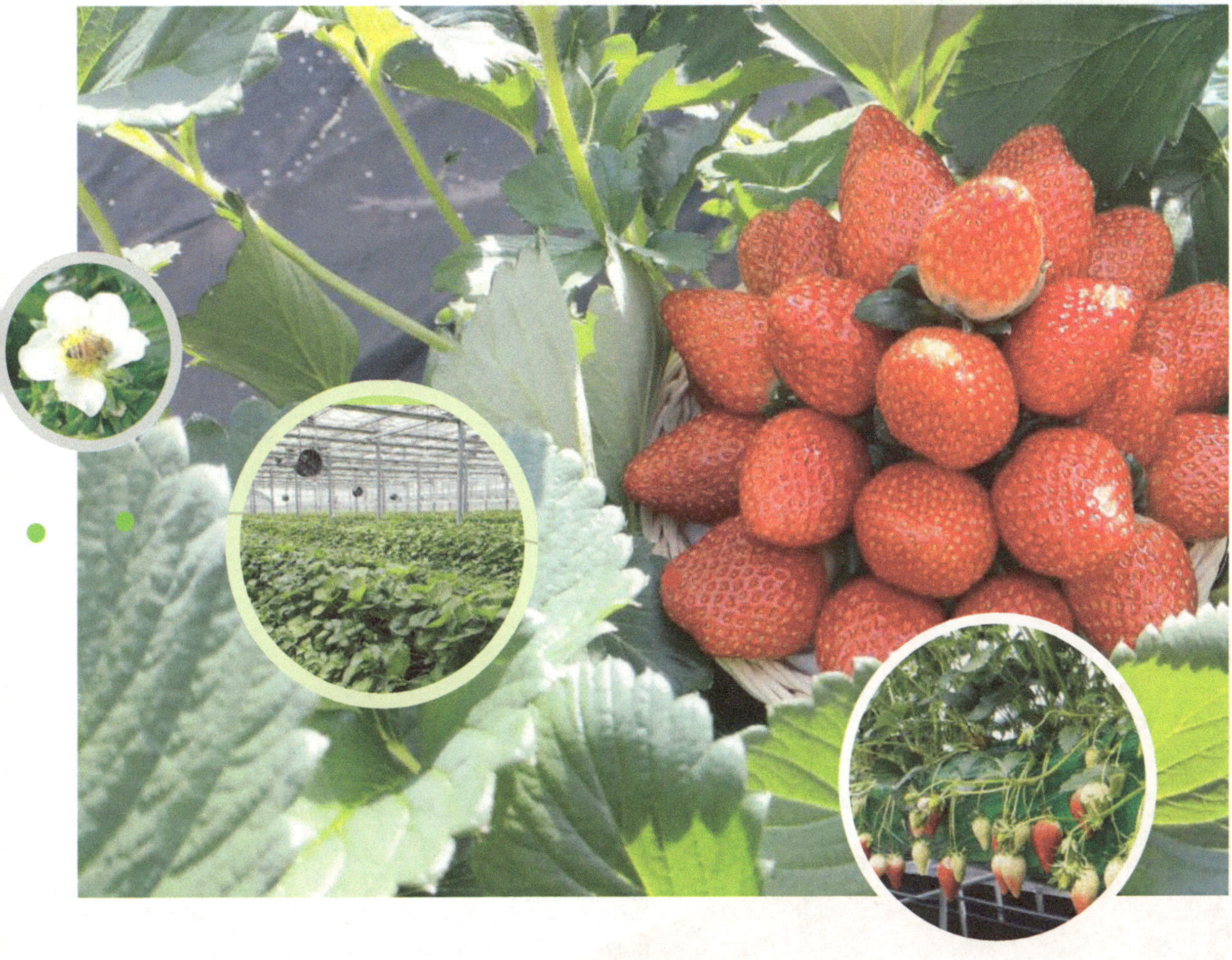

고품질 우량묘 생산을 위한
딸기 촉성재배 육묘기술(제3판)

strawberry

목 차

Ⅰ 딸기의 일반 현황 및 특성

1. 원산지 및 내력 ·················· 08
2. 딸기의 생리·생태적 특성 ·········· 10
3. 딸기 재배 현황 ················· 13

Ⅱ 육묘 기초 기술

1. 육묘의 중요성 ················· 18
2. 우량묘의 기준 ················· 20
3. 모주의 준비 ··················· 20
4. 육묘 포장 조성 ················· 28
5. 모주 정식 ····················· 30
6. 모주 관리 기술 ················· 37
7. 런너 발생 촉진 조건 ············· 38
8. 런너의 발생과 자묘의 생육 조건 ····· 39
9. 육묘용 배양토 및 포트 ··········· 43

Ⅲ 육묘 세부 기술

1. 육묘 방법 ··· 48
   가. 노지 육묘 ································· 48
   나. 비가림 육묘 ······························ 51

2 포트 육묘 세부 기술 ······················· 61
   가. 장단점 ······································ 61
   나. 고설 육묘 베드의 규격과 설치 ········ 63
   다. 모주의 정식과 런너 발생 촉진 ······· 65
   라. 연결 포트 및 용토 ······················ 65
   마. 관수 방법 ································· 65
   바. 자묘 유인 및 발근 ······················ 68
   사. 포트 육묘시 자묘의 유인 방법 ······· 69
   아. 육묘 기간 중 하엽 제거 ················ 70
   자. 런너의 절단 시기 ······················· 71
   차. 육묘기 시비 관리 ······················· 72
   카. 자묘 도장 억제 기술 ··················· 77

3. 화아분화 촉진 기술 ························ 78
   가. 화아분화의 정의 ························ 78
   나. 온도 범위 ································· 80
   다. 시비 조절 ································· 81
   라. 화아분화 촉진에 관여하는 요인들 ··· 83
   마. 화아분화 촉진 방법 ···················· 85
   바. 화아분화 촉진 처리 후 관리 ·········· 88
   사. 화아분화 검사 ··························· 90

4. 육묘에 있어서 묘소질 ················ **90**
    가. 묘의 나이와 묘의 크기 ················ 90
    나. 지상부와 지하부 무게 비율 ················ 91
    다. 1차근과 세근의 비율 ················ 91
    라. 질소 수준과 C/N율 ················ 92
    마. 자묘의 소질 ················ 94
    바. 묘소질과 본포에서 생육 및 수량과의 관계 94

Ⅳ 육묘기 주요 병충해 및 방제

1. 탄저병 ················ 98
2. 시들음병 ················ 100
3. 역병 ················ 102
4. 흰가루병 ················ 104
5. 줄기마름병 ················ 105
6. 세균모무늬병 ················ 107
7. 응애 ················ 108
8. 진딧물 ················ 111
9. 작은뿌리파리 ················ 114
10. 나방 ················ 118

부록

- 육묘기 월별 작업 일정 ················ 122
- 육묘기 병해충 방제력 ················ 124
- 딸기 등록 약제 ················ 127

딸기 촉성재배 육묘기술 (제3판)

Ⅰ
딸기의
일반 현황 및 특성

1. 원산지 및 내력
2. 딸기의 생리 · 생태적 특성
3. 딸기 재배 현황

I. 딸기의 일반 현황 및 특성

딸기는 과채류 중에서 저온에 비교적 강하고 맛과 향이 뛰어나고 비타민 C의 함량이 높아 영양적으로 중요하고 고소득 작물로서 매년 재배 면적이 확대되고 있다.

1. 원산지 및 내력

현재의 맛있는 딸기가 탄생하기까지는 300년이 넘는 역사를 가지고 있다. 딸기는 장미과에 속하는 다년생 식물이다. 재배종 딸기(*Fragaria ×ananassa* Duchesne)는 18세기 무렵 북아메리카 동부 원산의 *Fragaria virginiana*와 남아메리카 칠레 원산의 *Fragaria chiloensis*가 각기 다른 경로를 통해 유럽으로 전파된 후 교잡에 의해 탄생되었다. *Fragaria virginiana*는 1629년경에 유럽에 도입되었다. 칠레의 야생딸기인 *Fragaria chiloensis*는 1714년에 프랑스의 탐험가인 Frézier에 의해 최초로 칠레로부터 유럽으로 도입되었다. Frézier가 가져온 칠레 야생딸기 몇 포기가 한 식물원에 재배되었고 이후 *F. chiloensis*는 유럽 전역에 퍼지게 되었지만, 수정이 잘되지 않았다. 그러나 1766년 프랑스의 원예학자인 Duchesne이 딸기의 식물체는 암술과 수술의 수정이 이루어져야 함을 밝혀내어 *F. chiloensis*는 *F. moschata*나 *F. virginiana*에 의해 수정시키면 과일을 생산할 수 있다는 것을 발견하였다. 이와 같은 교잡은 현대 딸기 태동에 획기적인 사건이었다. 영국, 네덜란드, 프랑스에서 *F. chiloensis*의 수분 매개체로 *F. moschata*보다 *F. virginiana*가 좀 더 과일을 잘 맺어 *F. virginiana*를 수분 매개체로 많이 이용하였다.

이후 정원사들이 이 교배종 중에서 좀 더 큰 과실을 선발한 결과 현재의 재배종 딸기인 *F. ×ananassa*가 출현하였다.

Duchesne은 이것을 *Fragaria×ananassa*로 표기하였는데 이것은 과실의 향기가 파인애플(Ananas)과 비슷하다고 하여 명명되었다. 유럽에서의 체계적인 딸기 육종은 1817년 영국에서 Thomas A. Knight에 의해 시작되어 'Downton'과 'Elton'등 수많은 우수한 품종들이 육성되었다. 유럽 이외의 지역에서는 미국이 딸기 육종의 중심이었다. 1836년에 Charles Hovery가 처음으로 'Hovey'라는 품종을 육성한 이후로 'Wilson', 'Sharpless'등 수많은 품종이 육성되었다. 일본은 미국, 프랑스, 영국 등에서 19세기 말부터 딸기가 도입되기 시작했다. 이무렵 일본에서도 'Fukuba'(1899), 'Kogyoku'(1940)가 육성되어 인기를 누렸다. 이후 '보교조생', '정보', '도요노까', '여봉'등 많은 품종이 육성되었고 최근 '아키히메', '도치오도메', '사치노카', '사가호노카'등 우수한 품종으로 대체되어 가고 있다.

우리나라에 딸기가 전래한 경로는 확실하지 않으나 20세기 초 일본으로부터 국내에 도입된 것으로 추정된다. 기록에 의하면 1917년에 'Doctor Moral', 'Largest of All', 1929년에 'Fukuba', 1952년에 '행옥', 1965년에 'Donner'등 많은 품종이 도입되었다. 1960년대 우리나라 최초로 육성한 '대학 1호'품종이 수원에서 재배되기 시작하였으나 당도가 낮고 착색이 불량하며 공동과 발생이 많고 저장성이 떨어져서 1970년대부터 대부분 다른 품종으로 교체되었다. 이 시기에는 '다나', '춘향', '보교조생'등의 품종들이 도입되면서부터 국내에 딸기가 정착되기 시작하였고 1970년대 말에 '여홍'이 도입되어 재배되기 시작하였다. 국내 딸기 품종 육성은 1970년경 원예시험장에서 시작하여 '조생홍심'(1982)을 시작으로 '수홍'(1985), '초동'(1986), '설홍'(1994), '미홍'(1996)등이 육성되었고 이 중 탄저병 저항성이 뛰어난 '수홍'(1985) 품종은 1990년 후반까지 반촉성 재배 지역에서 많이 재배되었다. 2000년대 이후 충남농업기술원 딸기연구소에서 '매향'(2001), '설향'(2005) 등 우수한 품종들이 육성되어 농가에 확대 보급되면서 2005년 9% 내외였던 국산 품종의 보급률이 2019년 현재 95.5%에 이르고 있고 이 중 '설향'의 보급률은 87.6%를 차지한다.

딸기는 기본 염색체 수가 7개(2n=14)인 야생종이 17종이 있으며, 그 중 2배체 9종, 4배체 3종, 6배체 1종, 8배체 4종이 있다. 현재 재배되고 있는 *Fragaria×ananassa* Duch.는 8배체에 속한다.

표. 딸기 종류별 염색체 수

구 분	염색체수	종 류
2배체	2n=2×=14	F.vesca, F.viridis, F.nigerrensis, F.daltoniana, F.nubicola, F.iinumae, F.yesoensis, F.nipponica F.mandschrica
4배체	2n=4×=28	F.moupinensis, F.orientalis, F.corymbosa
6배체	2n=6×=42	F.mochata
8배체	2n=8×=56	F.chiloensis, F.virginiana, F.iturupwnsis, F.ananassa

*Strawberries(Hancock, 1999)

2. 딸기의 생리 생태적 특성

가. 딸기의 성상

딸기는 다년생 초본으로 잎, 뿌리, 관부로 구성되어 있으며 관부에서 잎과 뿌리, 런너 및 화방이 출현하는 습성을 가지고 있다.

● 잎

형태는 3개의 소엽이 한 개의 잎을 만드는 삼출복엽으로 잎 가장자리에 결각이 있다. 6매째 잎이 첫 번째 잎과 겹치며, 생육 적온인 17~20℃에서 약 8일마다 1장씩 새로운 잎이 발생하며 연간 30매가 전개된다. 잎이 완전히 전개하려면 2~3주가 소요된다. 잎의 수명은 50일 정도로 전개 30~40일경에 광합성 능력이 최고치에 달한다.

● 뿌리

관부의 엽병 기부에서 1차근이 발생하여 신장하고, 계속적으로 분지하여 측근을 형성하며 여기에서 뿌리털이 발생하여 양·수분을 흡수한다. 뿌리는 천근성으로 지표에서 20~30cm 범위에 분포하며 쉽게 목질화된다. 1차 직근수는 30~50개 정도 형성된다.

🟢 관부(crown)

줄기(관부)는 극히 짧은 줄기로서 줄기 선단에 있는 생장점과 액아가 꽃이 된다. 줄기는 분지하여 분기점마다 착화하여 화방을 형성하고, 엽병의 기부 안쪽에 눈이 있어 이것이 런너 또는 액아가 된다.

🟢 꽃

암술과 수술의 양성기관을 갖춘 완전화로 5장의 꽃받침과 꽃잎을 가지며 대형일수록 꽃잎 수가 증가한다. 수술은 2개의 화분낭 속에 꽃가루가 들어있으며 수술 수는 한 꽃당 40개 정도이고, 암술은 나선상으로 배열해 있으며 200~300개 정도이다.

🟢 과실

과실은 화탁(꽃받침)이 비대하여 육질이 된 위과이다. 진과는 과일 표면에 알이 작은 종자라 불리는 것으로 보통 200~300개 정도 된다. 개화 후부터 익을 때까지의 소요 일수는 적산 온도로 약 600℃이고 온도에 따라 숙기가 다르다. 과실은 1번 과가 가장 크고, 2, 3번 과의 순서로 작아진다.

🟢 런너(자묘)

딸기는 다른 1년생 채소와는 달리 어미 포기의 관부에서 발생하는 포복지(런너)의 끝에 달리는 자묘로 번식하는 특수한 영양 번식 체계를 갖추고 있다. 밤 온도가 17℃ 이상, 낮의 길이가 12시간 이상이 되면 어미 포기의 관부에서 런너가 발생하게 되는데 이 시기는 대체로 5~7월 사이이다. 런너에서 1번, 2번, 3번 순으로 자묘가 나오게 되는데 묵은 포기보다 1년생 포기에서 발생이 많으며, 품종에 따라 차이가 있으나 포기당 20~50개 정도 발생하며 이 자묘를 정식하여 본포에서 수확한다.

나. 생태적 특성

● 번식

고온 장일 조건에서 런너가 발생하며 여름철에 육묘하여 정식기에 본포에 정식한다.

● 화아분화

잎을 생성하던 생장점이 꽃눈을 형성하는 상태를 말하며, 화아분화가 가능한 묘는 전개된 엽수가 3매 이상 되어야 하고 온도의 영향이 크다. 품종에 따라 다르나, 촉성재배 품종에 있어서 자연 상태에서 화아분화는 저온 단일 조건이 되는 늦가을의 9월 하순쯤에 이루어진다.

● 휴면

가을의 저온 단일 조건이 되면 잎자루, 엽신도 짧아지고 포기 전체가 왜소해지는 현상으로 옥신이 관여하며 저온에 의해 휴면이 형성된다. 우리나라에서 10월 하순에 휴면에 돌입하며 11월 중순이 휴면이 가장 깊은 시기이며 그 후 저온을 경과하면서 서서히 휴면이 타파된다. 휴면 타파에 필요한 저온은 5℃ 이하이며, 품종에 따라 저온 요구 시간이 다르다.

● 개화, 결실

개화는 휴면이 타파되고 고온, 장일 조건이 되면 생육이 왕성하여 개화를 개시한다. 수분은 자가 수분, 타가 수분(충매화)으로 이루어지고, 수정 후 자극에 의해 호르몬이 분비되어 씨(종자) 주변의 꽃받침이 비대하여 과실이 된다.

다. 딸기 생육환경

● 온도와 일장

딸기는 호냉성 월동 채소로 저온에 강하다. 광포화점은 20,000lux 정도로 비교적 약광에서도 잘 자라며 일조량이 많을수록 생육이 촉진된다.

딸기의 적정 온도
* 생육 적온 : 17~20℃, 야간 10℃, 지온 20℃
* 한계 온도 : 주간 35℃, 야간 5℃, 지온 25℃ 이상, 13℃ 이하
* 동해 온도 : 5℃ 생육정지, -7℃ 잎, 줄기 피해, 0℃(1~2시간) 꽃 피해

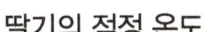

토양

딸기는 비교적 약간 습한 토양을 좋아하며 건조에는 약하다. 딸기 재배에 적합한 토양은 배수가 양호한 양토나 식양토가 좋고, 토양 산도는 약산성인 pH 5.5~6.5 범위가 적당하다.

사질 토양은 초기 생육이 좋고 수확기가 빠르나 초세가 빨리 쇠약해 수확 기간 단축과 수량 감소를 가져온다. 토양 수분은 다소 과습한 상태로 관리하는 것이 과실의 비대에 좋다. 습도는 생육기 75%, 개화기 40%를 유지한다.

3. 딸기 재배 현황

2019년을 기준으로 국내 딸기 재배 면적은 6,462ha에 생산량은 206,000톤이며 생산액은 12,936억 원으로 과채류 중 1위의 품목이다. 국내 딸기 주산지는 경남, 충남, 전남 지역이며 이 중 경남과 충남이 전국 딸기 생산량의 71.6%를 차지한다.

국내 딸기 재배는 2000년대 중반까지 품종이나 재배 기술 면에서 일본의 의존도가 매우 높았으나 2005년 이후로 국내 품종의 육성과 신속한 보급으로 '설향', '매향' 등 국내 육성 품종의 재배 비율이 95.5%를 차지하여 품종의 자급화가 이루어졌다.

최근에는 악성 노동과 농업인의 노령화 및 귀농 인구의 증가로 인해 전국의 딸기 수경 재배 면적이 2012년에 316.8ha에서 2019년 2,050ha로 급속도로 늘어나는 추세이다.

표. 딸기 재배 및 생산현황

구 분	2005년	2007년	2009년	2011년	2013년	2015년	2019년
재배면적(ha)	6,969	6,665	6,324	5,816	6,890	6,403	6,462
생산량(천톤)	202	203	204	172	217	194	206
생산액(억원)	6,457	7,997	8,575	8,940	13,359	12,843	12,936

* 국가통계포털(KOSIS)

표. 딸기 주산지 생산량

(단위 : 톤)

연도 지역	2011	2012	2013	2014	2015	2016	2017	2018	2019
소 계	171,519	192,140	216,803	209,901	194,513	191,218	208,699	183,639	234,225
경 기	2,886	2,141	3,541	3,666	3,494	4,356	4,048	3,355	3,017
강 원	1,151	918	528	318	476	1,018	1,460	889	1,382
충 북	1,809	2,898	3,315	3,841	2,735	3,086	2,669	3,925	3,920
충 남	50,155	65,446	72,045	79,143	58,281	33,498	32,088	34,732	42,873
전 북	17,161	17,715	25,939	21,847	22,579	22,416	19,589	17,508	16,774
전 남	20,900	21,112	20,443	15,866	18,466	25,594	24,329	26,361	22,195
경 북	7,002	7,724	11,938	13,986	15,317	10,596	12,064	9,828	14,583
경 남	67,531	71,440	73,605	66,276	67,762	85,110	105,018	82,400	124,754
제 주	1,457	1,253	898	1,003	2,711	2,542	1,893	1,082	519
기 타	1,467	1,493	4,551	3,955	2,692	3,002	5,541	3,559	4,208

* 국가통계포털(KOSIS)

I. 딸기의 일반 현황 및 특성

표. 연도별 딸기 재배 품종의 변화

년도	국내 육성품종							일본 도입품종			기타
	매향	설향	금향	죽향	금실	싼타	계	아끼히메	레드펄	계	
2019	2.6	87.6	–	2.7	1.2	0.6	95.5	4.5			4.5
2018	3.3	83.7	–	5.1		1.4	94.4	4.7	0.9		5.6
2017	3.3	83.6	–	5.0		1.5	94.3	4.8	1.0		5.8
2016	3.3	83.4	–	4.7		1.5	92.9	5.0	1.0	6.0	1.1
2015	2.5	81.3	–	5.9		1.1	90.8	6.1	1.3	7.4	1.9
2014	1.7	78.4	–	5.3		0.7	86.1	8.6	4.5	13.1	0.9
2013	2.3	75.4	0.3	–		–	78.0	14.0	6.8	20.8	1.2
2012	4.1	70.0	0.9	–		–	75.0	14.6	10.0	24.6	0.4
2011	2.9	68.2	0.6	–		–	71.7	14.3	13.2	27.5	0.8
2010	3.6	56.6	0.9	–		–	61.1	20.4	16.5	36.9	2.0
2009	3.7	51.8	0.9	–		–	56.4	22.5	19.5	42.0	1.6
2008	4.4	36.8	1.2	–		–	42.4	26.9	29.2	56.1	1.5
2007	4.7	28.6	1.3	–		–	34.6	30.2	32.8	63.0	2.4
2006	8.6	7.9	1.4	–		–	17.9	31.2	46.8	78.0	4.1
2005	9.2	–	–	–		–	9.2	33.2	52.7	85.9	4.8

*한국농촌경제연구원 2019년 과채관측 9월호

표. 딸기 수경재배 현황

구 분	2012년	2013년	2014년	2015년	2016년	2017년	2018년	2019년
재배면적(ha)	316.8	445.0	663.7	768.3	1,148.6	1,575.5	1,751.6	2,049.7
재배농가수	951	1,494	1,935	2,207	3,062	4,377	4,227	4,836

* 농촌진흥청 자료

딸기 촉성재배 육묘기술 (제3판)

육묘 기초 기술

1. 육묘의 중요성
2. 우량묘의 기준
3. 모주의 준비
4. 육묘 포장 조성
5. 모주 정식
6. 모주 관리 기술
7. 러너 발생 촉진 조건
8. 러너의 발생과 자묘의 생육 조건
9. 육묘용 배양토 및 포트

Ⅱ. 육묘 기초 기술

1. 육묘의 중요성

딸기 농사에 있어서 육묘는 90%를 차지한다고 해도 과언이 아닐 만큼 중요하다. 딸기 육묘는 묘소질에 따라 정식 후 생육과 수량에 결정적인 역할을 하므로 좋은 묘를 사용하는 것이 딸기 재배 성공의 관건이라고 할 수 있다.

육묘의 궁극적인 목표는 일시에 충실한 런너를 많이 발생시켜 자묘의 생산량을 늘리고, 자묘의 묘소질을 향상시키며 균일하고 충실한 모종을 길러내는 것이다.

가. 딸기 육묘 방식의 발전 과정

국내 딸기 육묘는 재배 작형이 과거의 반촉성 재배에서 2000년대 이후에 촉성 작형으로 바뀜에 따라 육묘 방식도 변화 과정을 거쳤다.

표. 딸기 육묘방식의 변화

구 분	과거(1970년~2000년)	현재(2000년대 중반이후)
재배 작형	반촉성, 촉성	촉성
육묘 형태	노지, 시설	시설(비가림 육묘)
자묘 생산량	50주/모주 1주	30주/모주 1주
자묘 완성시기	9월 하순~10월 중순	8월 하순 ~ 9월 상순
육묘 포트 형태	개별 포트	연결 포트
모주 정식 간격	30~50cm	15~20cm
자묘 관수 방법	두상 관수	점적 관수, 저면 관수

Ⅱ 육묘 기초 기술

〈노지 육묘〉　〈시설 육묘〉　〈개별 포트〉　〈연결 포트〉

〈딸기 육묘 형태〉

나. 딸기 육묘 과정

딸기의 육묘 과정은 준비기간과 자묘 증식 기간을 합하여 총 10개월이라는 긴 시간이 소요되는 과정이다. 먼저 모주는 전년도 11월부터 준비가 되어야 하고 12월부터 2월까지는 5℃이하에서 1,000시간 이상 충분히 저온을 경과시켜 모주의 휴면을 타파시켜야 한다. 3월에는 모주를 정식하고 5월부터 6월 말까지 자묘를 유인하고 7월과 8월은 자묘의 발근을 유도하여 60~70일묘를 만들어 9월에 비로소 본포에 정식한다.

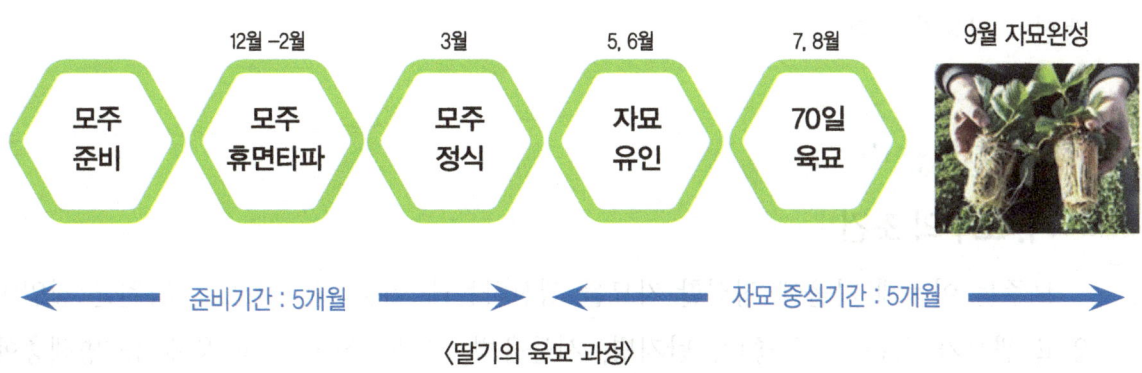

〈딸기의 육묘 과정〉

다. 재배 작형과 육묘

딸기는 런너(포복지)를 통해 영양 번식을 하는 작물이기 때문에 본포 관리 뿐만 아니라 육묘에 상당한 시간과 노력이 투입되며, 묘의 소질이 정식 후 수량이나 품질 등을 결정하는 주요한 요인이 된다. 국내 육묘는 '설향'품종을 중심으로 촉성재배 작형이 보편화되면서 자묘의 조기 생산이나 탄저병의 예방 등을 목적으로 비가림 하우스를 이용한 육묘 면적이 거의 대부분을 차지한다. 또한, 작업 자세의 개선과 육묘 작업의 생력화를 위해 고설 베드를 이용한 포트 육묘 방법도 점점 늘어나는 추세이다.

19

어떤 방법을 사용하든지 딸기 육묘의 최대 목표는 단시간에 최대한 많은 런너를 발생시켜 원하는 시기에 좋은 묘를 많이 확보하는 것이다. 따라서 육묘를 할 때에는 재배 작형과 육묘 방법별 장점과 단점을 잘 파악하여 농가 형편에 적합한 육묘 방법을 선택할 필요가 있다.

2. 우량묘의 기준

딸기 농사의 90%는 육묘가 차지할 정도로 육묘는 매우 중요하며 딸기의 생산성에 묘소질이 중요한 영향을 미친다. 딸기 재배의 관건은 좋은 묘를 사용하는 것인데 우량묘란 바이러스, 탄저병, 역병, 시들음병, 선충 등 병에 걸리지 않고 생육이 왕성하며 묘령이 균일해야 하고 관부가 10mm 이상인 대묘라야 한다. 또한 품종이 확실하고 타 품종이 혼입되어서는 안 되며 엽수는 3~5매 정도가 되며 도장하지 않고 화아분화가 잘 이루어져야 하고 뿌리의 발육이 좋아야 한다. 딸기는 장기간 자가 육묘 시 바이러스나 토양 병해 감염으로 생산성이 저하되므로 4년에 한 번 주기로 병이 없는 우량 모주로 갱신할 필요가 있다.

3. 모주의 준비

가. 모주의 조건

모주는 이듬해 가을에 정식할 자묘를 생산하는데 이용하는 것으로, 병원균 침입이 없고 관부가 굵은 것이 좋다. 탄저병, 시들음병, 역병, 진딧물 및 응애 등 병해충에 감염되지 않은 깨끗한 묘를 모주로 이용한다. 여름철에 발생한 자묘 중 세력이 왕성한 묘에서 발생한 자묘를 골라 모주로 사용하거나 정식 후 발생하는 1번 자묘를 삽목하여 모주로 사용한다. 모주를 준비할 때는 가장 좋은 묘를 모주로 별도로 구별하여 준비해야 한다. 오랫동안 농가에서 재배된 딸기는 육안으로 구별하기 어렵지만 1~2종 이상의 바이러스를 가지고 있는 경우가 많다. 딸기는 영양번식 작물로 모주가 여러 가지 바이러스에 중복 감염되면 자묘에도 감염이 되어 초세가 약해지고 수량이 저조해질 수 있다. 따라서 생장점 배양을 거쳐 나온 조직배양묘를 이용하면 식물의 활력이 왕성하여 수량 증가에 효과적이다.

조직배양묘는 바이러스 검정을 통하여 주요 바이러스에 감염되지 않았는지 검사해야 하고 재배 포장에서 생산력 검정 등을 통하여 품종의 혼종 여부와 과실의 형태적 변이 발생 여부를 확인하는 것이 안전하다. 따라서 조직배양묘는 검증된 기관이나 육묘장에서 구입하는 것이 매우 중요하다.

또한 모주는 원하는 품종 이외에 다른 품종이 섞이지 않아야 한다. 딸기는 육묘기에 품종이 섞였을 때 육안으로 구별하기에는 한계가 있으므로 혼종이 확인되면 모주로서의 가치를 상실하게 된다.

나. 모주의 확보

● 육묘 후기 발생한 자묘의 모주 이용

육묘 포장에서 정식용 자묘 받기를 완료한 후 육묘 후기(8월 이후)에 모주에서 새로 발생하는 자묘를 절단해 삽목한 후 활착시켜 이듬해 모주로 사용한다.

● 정식 포장에서 발생한 1차 자묘의 모주 이용

가을(10월~11월)에 본포에 정식한 묘에서 발생한 자묘를 이듬해 어미묘로 이용할 수 있다. 가을에 자묘를 채취하게 되므로 탄저병이나 시들음병 등 고온기에 발생하는 병해를 효과적으로 회피할 수 있다. 그러나 이 경우, 자묘의 채취가 늦을수록 정식묘의 양분이 지나치게 소모되어 정화방의 발육이 저하되고 수량이 감소될 수 있고, 어미묘로서의 성능이 떨어지므로 가급적 빨리 자묘를 받도록 하고, 충분히 저온을 경과할 수 있는 시간적 여유를 주어야 한다. 정식 포장은 수확을 목적으로 하는 것이기 때문에 충분한 모주 확보가 되어 있다면 개화기에 발생하는 런너는 철저히 제거하여 양분 소모를 줄이는 것이 좋다. 자묘의 채취 후에는 뿌리가 충분히 발생할 때까지는 야간에 보온을 해주고, 그 이후에는 충분히 저온을 경과하도록 한다.

〈정식주에서 1번 자묘 유인 광경〉

다. 모주의 소요량

(1) 토양육묘

토양 육묘에서는 대체로 모주 1주당 30~40개의 자묘를 생산할 수 있다. 일반 농가의 하우스 1동의 크기는 대체로 7m×100m(660㎡, 200평) 하우스이며 3개의 이랑을 만들고 모주를 30~50cm 간격으로 일렬로 정식할 때 정식 모주 소요량은 750주가 되며 자묘는 약 20,000~25,000주가 생산된다.

본포의 정식묘는 15cm~18cm 정도의 간격으로 심는다. 하우스 1동(660㎡, 200평)을 정식하는데 정식묘는 약 6,000주가 소요되고, 모주는 200주가 필요하다. 육묘 하우스 1동(660㎡)의 규모에서 생산되는 자묘는 약 20,000~25,000주로 보면 1동의 육묘 하우스에서 정식묘 하우스 3동을 재배할 수 있는 자묘의 양을 생산할 수 있다.

(2) 고설 베드 육묘

고설 베드 육묘에서는 대체로 모주 1주당 15~20개의 자묘를 생산할 수 있다. 하우스 1동(660㎡, 200평)에 2개의 베드를 만들고 모주를 20~26cm 간격으로 2열로 정식하면 정식 모주 소요량은 베드 당 900±100주가 되어 자묘는 약 35,000~40,000주가 생산된다. 이 때 연결 포트의 종류에 따라 자묘 생산량은 차이가 날 수 있다.

촉성재배 시에는 빠른 시기에 자묘를 확보해야 하므로 전년 11월에 모주를 육묘 베드에 미리 정식하여 월동을 시킨 후 2월부터 생육을 재개시키거나, 2월 초에 모주를 포트에 가식하여 재배 하우스 안에 놓아 모주를 키운 후 3월초~중순에 육묘 포장에 정식한다. 포트 모주는 뿌리가 상처를 받지 않아 빨리 활착된다.

라. 모주의 확보가 안 되었을 때

(1) 1번 자묘를 이용한다.

봄철 딸기 모주의 확보가 안 되었을 경우와 모주 정식 후 탄저병 감염으로 인한 고사주가 발생하였을 때 모주의 1번 자묘를 이용하여 자묘를 생산할 수 있다. 모주에서 발생하는 런너의 1번 자묘를 4월 하순에 모주 가장자리로 유인한 후 고정시켜 관부를 키운 다음 모주로 사용하여 6월 상순부터 런너를 일시에 발생시킨다. 모주 1주당 자묘 발생 수는 원 모주의 95% 수준으로 큰 차이가 없다.

〈모주의 1번 자묘를 이용한 자묘 유인〉

자묘수 (개/주)

구 분	모주	자묘
런너수(개/주)	5.9	5.1
관부직경(mm)	14.7	11.8
엽 수(매/주)	6.1	5.9
품 종	설 향	

모주: 100 (15.6), 자묘: 95 (14.9)

〈딸기 모주의 1번 자묘를 이용한 자묘 발생수 비교('13, 전남농업기술원)〉

(2) 수확주를 이용해서 자묘를 받는다.

수확주를 이용한 육묘에서 전제 조건은 수확주가 시들음병, 탄저병 등 병해 발생이 없는 건전한 묘이어야 한다. 수확주의 하엽 및 화방을 모두 제거하고 진딧물, 응애, 흰가루병 등 병충해 방제를 철저히 해야 한다. 정식 포장에서 딸기 수확이 끝난 후에 1줄을 남기고 한쪽의 두둑을 평탄하게 작업하고 수확주에서 자묘를 받는다.

이 방법은 모주가 확보되지 않았을 때 보조 수단으로 이용하는 것이 바람직하다. 재배 후기에는 흰가루병이나 응애, 진딧물 등의 발생이 많아 약제 방제 노력이 많이 들고, 칼슘 결핍 등 각종 생리 장해의 발생이 많으며, 수확주를 제거하는 데 노력 소모가 많다. 또한, 화방의 분화나 과실 생산에 관여하는 물질들이 런너를 통해 이동하므로 1차 자묘에서 화방이 출뢰하는 등 자묘의 소질을 악화시키는 경우가 많으므로 모주가 부족한 경우를 제외하고 가급적 수확주는 피하도록 한다.

마. 모주의 월동 방법

모주는 겨울 동안 충분히 저온을 받아 휴면이 완전히 타파된 것을 이용하도록 한다. 겨울에 충분한 저온을 받지 못해 휴면이 불완전하게 타파된 것은 옥신(Auxin)과 같은 체내의 생리 활성 물질의 축적이 부족하여 새 잎이나 런너의 발생 능력이 떨어진다.

모주의 저온 경과는 휴면을 타파하여 런너가 잘 발생하도록 하는 것으로서 5℃ 이하의 저온이 최소한 1,000시간 이상 경과하여 휴면이 완전히 타파되고 뿌리의 활력이 우수한 것이 좋다.

(1) 무가온 하우스 월동

모주는 이듬해 많은 런너를 발생시켜야 하므로 충분히 저온 처리가 되어야 한다. 촉성 재배용 모주 월동시 강우로 인한 탄저병 발생이나 동해 피해를 받을 수 있는 노지에서 월동하는 것보다는 가온하지 않는 비가림 하우스에서 월동하는 것이 바람직하고 -10℃ 이하의 한파가 지속될 경우 보온 대책을 강구하여 모주가 동해 피해를 받지 않도록 관리하는 것이 중요하다.

개별 포트에 이식하여 보관할 경우 포트의 크기는 직경 12cm이상을 사용하고 활대를 씌우고 비닐과 부직포로 덮어 동해를 방지하고 주기적으로 환기를 시키고 관수를 해주어 적정 수분을 유지시킨다. 모주를 너무 작은 소형 포트에 관리하는 경우 겨울철 건조에 의한 고사 우려가 있고 뿌리가 노화되어 이듬해 생육이 늦다. 또한, 모주를 5℃ 이상 관리되는 재배 하우스 내에 보관하면 충분한 저온이 경과 되지 않아 초기 런너 발생량이 적어지므로 주의한다.

〈무가온 하우스 내에서 모주 월동〉

(2) 저온 저장

겨울동안 모주를 월동하기 위하여 노지에 가식하거나 무가온 하우스에서 포트묘 상태로 보관할 때 저온경과가 충분하지 않아 런너 발생이 적거나 관수 부주의로 인해 모주가 고사하는 사례가 빈번하다. 이러한 단점을 회피하기 위하여 최근에 저온 저장고내에서 모주를 저온저장하는 방법이 개발되었다. 저장고가 구비되어 있을 경우에는 모주를 건조하지 않게 하여 0.03~0.1mm 두께의 PE 필름에 딸기묘를 100~200주를 넣고 밀봉한 후 플라스틱 상자에 적재하여 -2℃ 저장고에서 저장한다. 저장기간은 4개월 간 저장했을 때 모주의 생육이 왕성하고 런너와 자묘 발생수가 많았다. 포트묘를 저장할 경우 상토의 수분함량은 30~50%가 적당하다. 상토가 너무 건조할 경우에는 생존율이 낮아진다. 저장고에 모주를 저장할 경우 너무 일찍 저장고에 모주를 입고하면 온도 차이에 의해 동해 피해를 받을 수 있으므로 모주가 휴면에 돌입하는 11월 하순부터 12월을 전후하여 외부 환경에서 충분히 저온을 경과시킨 후에 저장고에 입고하여야 동해를 피할 수 있다. 이듬해 2월 하순부터 저온 저장묘를 꺼내어 포트에 가식하고 생육을 촉진시킨 후 3월 중·하순에 모주를 정식한다.

〈포트묘 저온 저장 준비〉

〈-2℃ 저장고에서 보관〉

표. 딸기 모주의 휴면타파를 위한 적정 저장온도('13, 딸기연구소)

냉동온도	초장 (cm)	엽수 (개/주)	관부직경 (mm)	액아수 (개/주)	런너수 (개/주)	자묘수 (개/주)	생존율 (%)
자연월동	39.3 a	15.4 a	17.0 a	2.8 a	6.2 a	14.5 c	91
0℃	38.2 a	16.0 a	18.3 a	2.9 a	6.3 a	18.8 b	100
-2℃	30.0 b	13.4 ab	16.2 a	2.2 a	7.2 a	22.8 a	100
-5℃	24.1 c	10.2 b	12.7 b	2.0 a	7.0 a	17.4 bc	100

표. 딸기 모주의 적정 저온 저장 기간('13, 딸기연구소)

처리기간	초장 (cm)	엽장 (cm)	엽수 (개/주)	관부직경 (mm)	액아수 (개/주)	런너수 (개/주)	자묘수 (개/주)
무처리	26.3 b	12.0 a	16.7 c	16.2 b	2.9 a	4.5 b	20.4 b
2개월	28.4 ab	12.1 a	21.6 b	17.5 b	3.2 a	5.6 ab	23.3 a
4개월	30.2 a	12.6 a	26.0 a	20.8 a	3.2 a	6.2 a	26.3 a
6개월	28.5 ab	12.0 a	19.2 bc	20.3 a	3.4 a	5.2 ab	24.3 a
8개월	29.0 a	12.8 a	17.3 c	20.4 a	2.7 a	4.9 b	20.9 b

표. 딸기 모주 저온 저장시 적정 상토수분 함량('13, 딸기연구소)

상토수분함량 (%, w/w)	초장 (cm)	엽수 (개/주)	관부직경 (mm)	액아수 (개/주)	런너수 (개/주)	자묘수 (개/주)	생존율 (%)
10미만	24.7 b	9.8 a	13.0 a	1.5 a	5.4 b	16.4 c	85
30~50	28.9 a	12.4 a	16.2 a	1.6 a	8.3 a	21.2 a	100
60이상	25.1 b	11.4 a	12.6 b	1.8 a	6.4 b	18.2 b	100

(3) 육묘장에 정식 후 저온 처리

일부 고설 베드 육묘농가에서 전년 11월 말이나 12월 초순에 육묘장에 모주를 정식한 후 저온 처리를 한다. 이 때 주의할 점은 조기에 모주의 뿌리를 활착시키기 위하여 높은 습도와 야간 온도(8℃ 이상)를 유지시킨다. 탄저병, 역병, 시들음병 이병주는 발견 즉시 제거하고 적용 약제로 방제한다.

바. 모주의 묘소질

모주의 초기 묘소질은 자묘 발생량에 영향을 준다. 모주의 묘소질은 보통 관부 직경으로 구분할 수 있으며 모주를 육묘 포장에 정식하기 전 모주의 관부 직경이 9~13mm 사이에서 자묘의 발생량이 우수하다. 반면, 관부 직경이 9mm 미만의 소묘이거나 13mm 이상의 노화묘일 경우에는 자묘의 발생량이 감소할 수 있으므로 활력이 높은 우량묘를 선별하여 모주로 이용하는 것이 바람직하다.

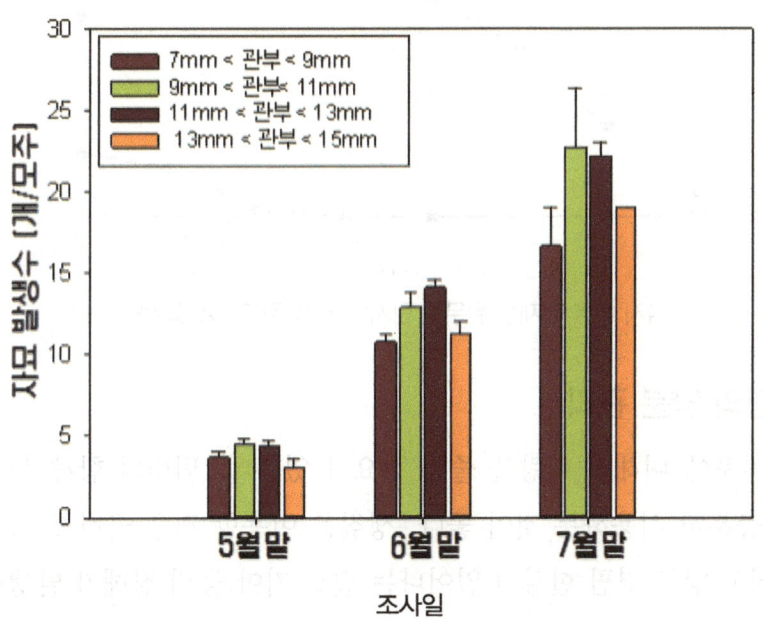

〈 모주의 묘소질(관부 직경)에 따른 시기별 자묘 발생수 ('12, 원예특작과학원) 〉

4. 육묘 포장 조성

가. 육묘 포장의 선정

딸기 육묘 포장은 장마나 집중 호우 등으로 침수되어 피해가 커지는 사례가 간혹 있으므로 우선 물 빠짐이 좋은 곳을 선정하고 배수로 등을 잘 정비하여 둔다. 시설 재배를 계속하여 염류의 집적이 많은 토양은 뿌리의 활착이 불량해져 각종 생리 장해를 유발하는 원인이 되므로 피한다.

탄저병이나 시들음병, 역병 등이 발생하여 피해가 예상되는 포장 또한 피하도록 한다. 탄저병이 발생한 육묘 포장을 계속 사용할 경우에 육묘 후 포장 주변의 탄저병 이병 잔재물(자묘, 모주 등)을 완전히 제거하면 이듬해 탄저병 발생을 효과적으로 감소시킬 수 있다. 비가림 시설 내에서 육묘할 경우 여름에 고온 장해를 입기 쉬우므로 바람이 잘 통하는 곳을 선택한다.

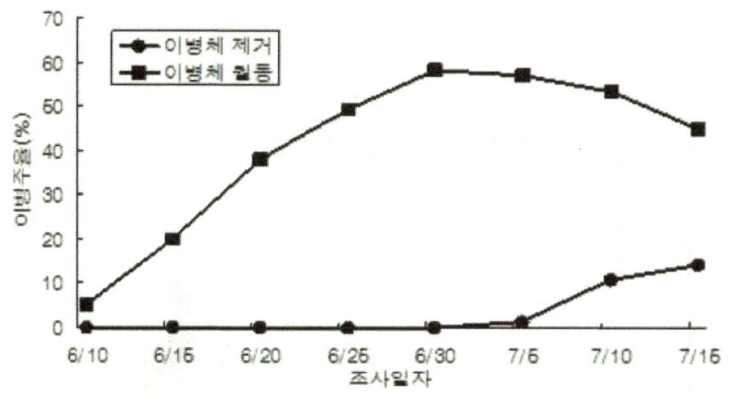

〈 연작지 이병 잔재물 유무별 탄저병 발생 정도('02, 딸기연구소)〉

나. 육묘 포장의 양분 관리

육묘 포장은 본포에 비해 시비량을 줄일 필요가 있는데, 퇴비와 함께 유기물(짚이나 부숙왕겨 등)을 충분히 시용하는 것이 좋다. 생짚을 이용할 경우 급하게 이랑을 만들면 정식 묘가 황화되고 영양 결핍 현상이 일어나는 질소 기아 등의 장해가 발생하므로 모주 정식 전에 충분한 시간을 두고 작업을 해야 한다.

이전에 시설 작물을 재배한 경우나 토양 내 비료가 많은 곳, 염류 집적이 많은 토양은 반드시 토양의 영양 상태를 점검한 다음 시비량을 결정하는 것이 바람직하다. 딸기는 양분 요구도가 다른 작물에 비하여 매우 낮은 작물에 속하는데, 비료 과다 사용에 따른 생리 장해가 발생하지 않도록 주의가 필요하다.

표. 딸기 육묘 포장의 기본 시비량 (kg/10a)

종 류	밑거름	덧거름	비 고
퇴 비	2,000	-	전층시비
질 소	8.0	2.0	
인 산	10.0	-	
칼 리	8.0	2.0	
고토석회	150	-	pH 6.0~6.5

다. 이랑 만들기

이랑은 육묘 장소나 육묘 방법에 따라 달라진다. 일반적으로 노지 육묘로 토양에 자묘를 받을 경우 이랑의 넓이를 1.5~2m 내외로 넓게 하여 런너가 발생할 공간을 충분히 마련해 주는 것이 좋다.

비가림 하우스를 이용한 포트 육묘의 경우 배치할 연결 포트의 길이와 모주 정식 공간 등을 고려하여 이랑의 폭을 결정하고 작업 공간인 통로에 여유를 두는 것이 좋다. 이랑의 높이는 기계 작업이 가능한 범위에서 높은 것이 모주의 생육은 물론 폭우나 침수 등의 불량 환경에도 잘 견딜 수 있다.

라. 위생 관리

육묘에서 위생 관리 개념은 무엇보다도 중요하다. 육묘는 여름철 고온기에 이루어지는 작업이므로 병해 발생이 없이 자묘를 키우려면 위생 관리가 잘되어야 한다. 육묘장 내부뿐만 아니라 육묘장 주변까지 잡초를 깨끗이 제거하고 빈 농약병이나 기타 물건 등을 한 곳에 치우고 청결하게 관리해야 한다. 병이 발생한 포기는 빨리 제거하고 제거한 포기나 하엽 등을 하우스 내부에 두지 않아야 한다. 연결 포트를 토양 바닥에 놓으면 토양 중에 있는 병원균에 감염이 될 가능성이 크고 집중호우에 의한 침수 피해를 입을 수 있으므로 포트는 되도록 바닥에 직접 놓지 않도록 한다.

모주와 자묘에 관수할 때 바닥에 물이 튀는 것을 방지하기 위해서 물받이를 설치하여 바닥을 청결하게 유지하는 것이 좋다.

〈위생관리가 좋지 않은 사례〉

〈베드에 물받이 설치〉

5. 모주 정식

가. 모주상 준비

모주상은 어미묘를 심어 자묘를 받기 위한 공간으로 정식 면적의 1/5~1/6 정도가 필요하다. 육묘 방법에 따라 달라지나 모주의 관리는 인위적으로 조절하기 위해 영양 공급을 관비나 추비 위주로 공급하고 퇴비나 기비는 사용하지 않는 경향으로 바뀌고 있다. 모주상은 토양 소독을 철저히 하여 사용하는 것이 좋다. 육묘 하우스에서 모주의 상토를 재사용 할 경우에는 반드시 소독을 하고 사용해야 육묘기에 병 발생을 예방할 수 있다.

메탐소듐을 이용한 상토소독은 수확주의 지상부를 최대한 제거하고 베드비닐로 상토를 피복하고 상토 수분을 20~30% 유지한다. 배수구 마개를 막아 배액의 외부 유출을 막고 약제를 관주한 후 10~20일간 약제를 처리하고 비닐하우스를 밀폐한다. 약제처리 하우스는 출입금지 표시를 반드시 부착하고 출입을 금지한다. 처리 후 비닐하우스를 개방하고 멀칭비닐을 제거하여 가스를 제거한다. 5~6일 후 잔여가스 제거를 위해 상토를 뒤집는다. 가스제거가 끝난 후 상추 등 종자를 파종하여 발아상태의 이상이 없으면 딸기묘를 정식한다.

이염화이소시아눌산나트륨(NaDCC)을 이용한 정식 전 배지소독은 소독약액을 살포하기 전에 배지가 마르지 않을 정도로 수분상태를 최소화하고 준비된 고설 배지 위에 점적호스를 설치하고 배수구를 닫는다. 배지 상단에 공기가 통하지 않도록 멀칭비닐로 밀봉한다. 준비된 소독액을 점적호스를 통하여 시차를 두고 점진적으로 방출하여 배지에 살포한다. 소독액 살포 후 하우스를 밀폐하여 7일 이상 방치한다. 고압식 분무기로 시설 내부의 수조 및 양액탱크, 배관, 작업실 등을 소독한 다음 1일 이상 방치한다. 7일 이상 밀폐한 하우스와 멀칭비닐을 개방한 후 배수구 마개를 열고 물탱크 수조에 맑은 물을 채워 배지에 1일간 충분히 공급하여 잔류약액을 휘산하고 수세 처리한다.

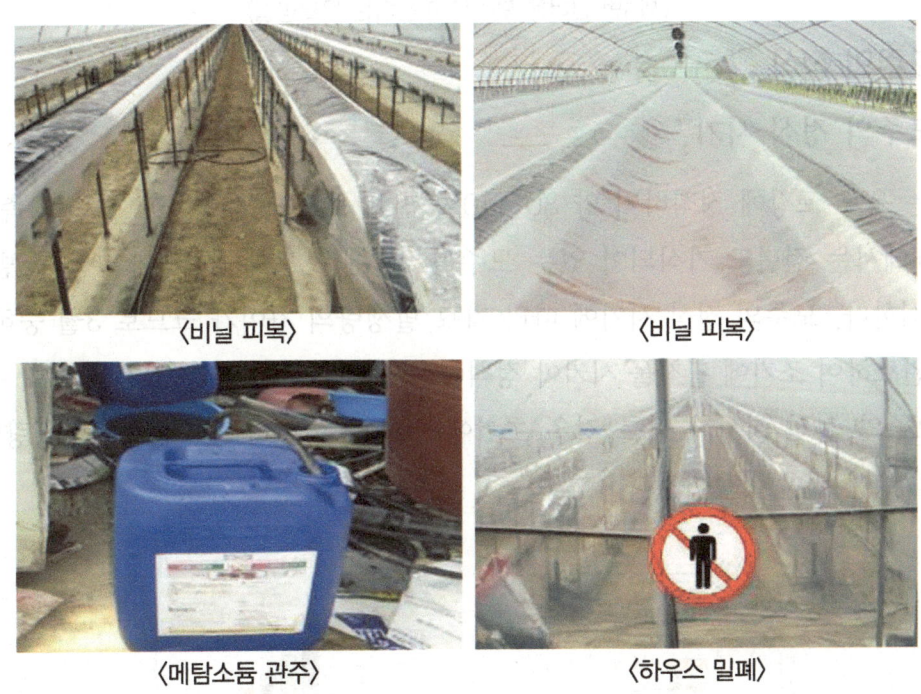

〈비닐 피복〉   〈비닐 피복〉
〈메탐소듐 관주〉   〈하우스 밀폐〉

모주를 정식한 후에 전년도 발생 화방을 제거한다. 화방을 두면 생육이 나빠지고, 병해충 발생 우려도 있으므로 화방이 출현하면 즉시 제거 한다. 새 잎이 출현하면 황화된 잎과 묵은 잎을 제거 한다.

런너의 발생 방향은 한쪽으로 가지런히 정렬하고, 같은 간격으로 배치한다. 생육이 왕성하여 5월 이전의 조기에 출현한 자묘는 제거하거나 모주 옆으로 옮겨 새로운 모주로 이용한다.

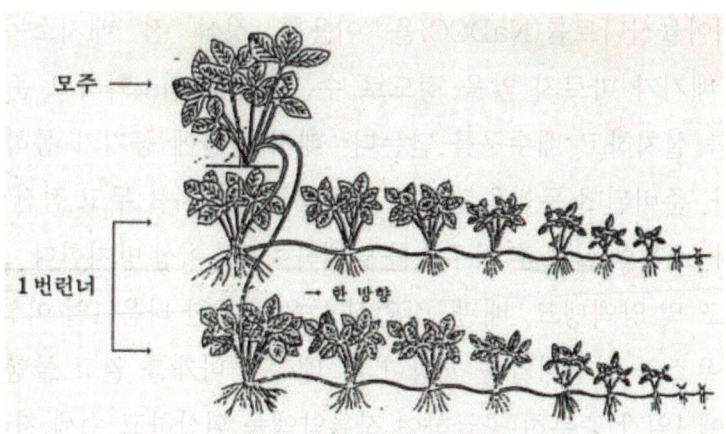

〈제 1번 런너를 모주로 이용하는 육묘방법〉

나. 모주의 정식

(1) 모주의 정식 시기

모주는 육묘 포장에 정식하기 약 30~40일 전에 포트에 가식하여 생육을 촉진한다. 촉성재배에서는 전년도 가식되어 있는 모주를 2월에 포트에 옮겨 새 뿌리를 발근시킨 후에 정식한다. 모주의 정식 시기에 따라 자묘 발생량의 차이가 크므로 3월 중하순까지 정식을 완료하여 조기에 활착을 시켜야 정식에 필요한 자묘를 여유 있게 확보할 수 있다. 또한, 모주의 정식 시기가 빠를 경우 초기에 발생하는 런너 및 자묘의 발생량이 많아 우량묘의 생산 비율이 높아진다.

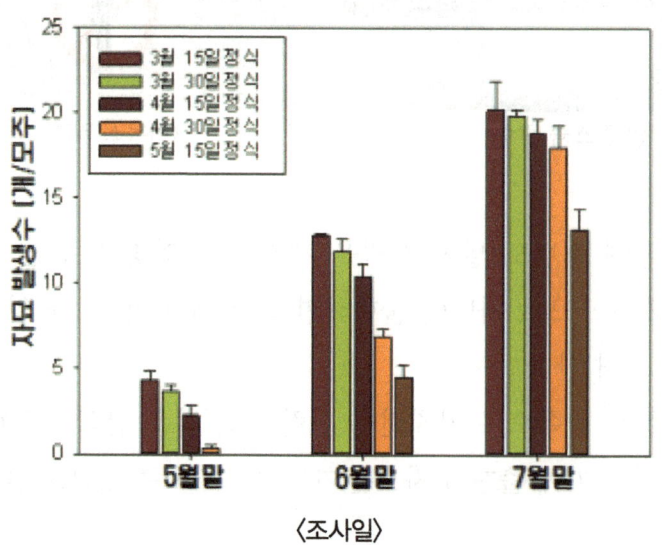

〈모주의 정식 시기에 따른 시기별 자묘 발생수('12, 원예특작과학원)〉

저온저장 모주는 가식에 따른 노동력과 관수 등 관리 비용을 절감하기 위하여 별도의 가식 작업 없이 무가식 정식을 해도 무방하다. 모주는 11월 하순~12월 상순부터 -2℃ 저온 저장고에 입고하기 시작하여 3개월간 저온 저장한다. 저온 저장이 끝난 후에 딸기 모주를 일반 가식묘 정식 시기(3월 25일)보다 20~30일 전(2월 20일~3월 5일)에 육묘 포장에 정식하면 가식묘와 비슷한 수준의 자묘량을 획득할 수 있다. 저온저장 모주의 정식 후에는 뿌리가 활착할 때까지 비닐하우스 외부에 차광망을 씌우고 투명 PE필름과 흰 색 부직포를 덮는다.

〈저온저장 모주의 무가식 정식〉

표. 저온저장 모주의 무가식 정식 시기에 따른 모주의 생육('19, 딸기연구소)

무가식 정식 시기	초장 (cm)	엽수 (개/주)	엽장 (cm)	엽폭 (cm)	관부직경 (mm)	엽록소 (SPAD)
2. 22.	26.5 a^y	3.5 ab	10.3 b	8.6 a	10.1 b	40.4 a
3. 5.	24.3 a	3.5 ab	9.2 c	7.4 b	10.1 b	44.8 a
3. 15.	20.6 b	3.1 b	7.9 d	6.5 bc	9.0 bc	43.9 a
3. 25.	18.4 b	2.7 c	7.2 d	6.3 c	8.8 c	40.0 a
4. 5.	10.3 c	2.2 d	4.7 e	4.3 d	7.9 c	45.2 a
2.22.가식(대조)*	26.6 a	3.8 a	11.7 a	9.2 a	12.4 a	43.7 a

*대조 : 2월 22일 가식 후 3월25일 정식, ^{y}DMRT 5%

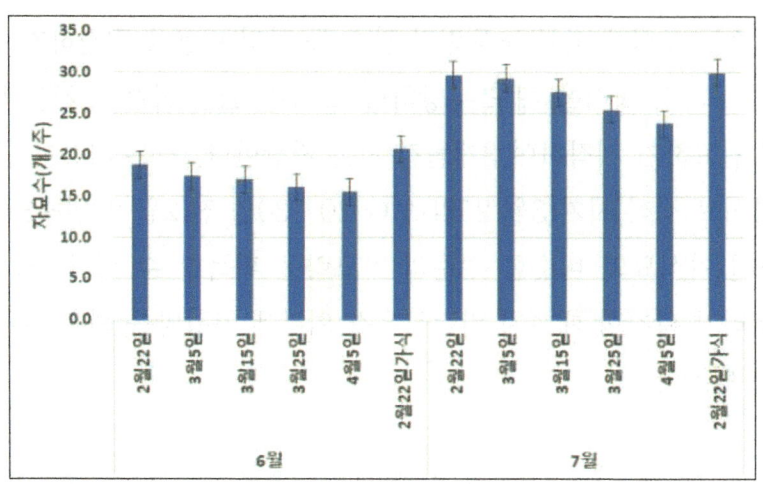

〈저온저장 모주의 무가식 정식 시기에 따른 자묘 발생량('19, 딸기연구소)〉

(3) 토양에 모주 정식

토양 육묘는 40~50cm 간격으로 정식한다. 모주 정식 포장에는 기비를 넣지 않는 경향이 있고 주로 액비로 관주한다. 육묘포는 비가림 된 하우스에 이랑 너비 1.2m, 주간 40cm 간격으로 심고, 활착 후에 모주 옆에 요소를 약간 시비한다. 추비는 모주에만 질소 성분이 많은 액비를 1개월 간격으로 6월 말까지 관주한다.

(4) 고설 베드에 모주 정식

육묘 포장은 일반적으로 포트 육묘시 정식포장 면적의 약 1/5 ~ 1/6 정도가 소요된다. 모주의 정식 간격은 심는 시기에 따라 차이가 있으나 최근에는 20cm×2조식으로 밀식하여 정식함으로써 런너를 일시에 발생시켜 자묘의 균일성을 높이는 추세이므로 정식할 모주를 충분히 확보한다. 배지는 심기 전에 충분히 관수해서 모주를 심을 때 뿌리가 마르는 것을 방지한다.

● 베드의 선택

어미 묘를 심을 베드는 천막지, 초화 상자 또는 스티로폼을 이용하는데 각각의 장단점은 다음과 같다. 농가에서는 재료의 가격, 내구 연한, 작업성 등을 고려해서 베드 종류를 선택하도록 한다.

표. 베드의 종류 및 장단점

베드 종류	장 점	단 점
천막지	가격이 저렴	설치가 불편, 배수 불량
초화상자(60cm)	설치/상토충진 용이, 배수 양호	비닐 멀칭이 불편
스티로폼(1m)	설치가 간편, 배수 양호	폐기시 환경 부담

● 모주를 심는 배지의 선택

어미 묘를 심는 배지로는 유기 배지로 피트모스, 코코피트, 시판 혼합 상토, 왕겨(파쇄, 팽연왕겨) 등이 있고, 무기 배지로 펄라이트, 버미큐라이트 등이 있다. 배지를 선택할 때 고려해야 할 사항으로는 무게, 가격, 흡수성과 배수성을 고려하여야 하며, 환경 오염이 적고 장기 사용이 가능한 것이 유리하다. 또한, 재배 형태(양액 혹은 관비)에 맞는 것을 선택하도록 한다.

● 정식 전 고려사항

배지는 심기 전에 충분히 관수해서 모주를 심을 때 뿌리가 마르는 것을 방지한다. 모주를 늦게 심으면 활착이 늦고 생육이 불량해져 자묘의 발생량이 적어지므로 늦어도 3월 중하순까지 심어야 자묘의 확보가 용이하다.

다. 정식 후 관리

정식 후에는 충분한 관수를 하여 활착을 촉진시킨다. 관수는 점적관수로 모주 가까이에 설치하여 조금씩 자주 해주는 것이 좋고 점적관수가 곤란할 때는 정식 후 바로 고랑 관수를 하여 토양 수분이 촉촉한 상태를 유지 시킨다. 너무 습하게 관리하면 잠재 감염된 탄저병 발생이 조장되므로 점적 호스로 세밀한 관수와 비가림 육묘가 바람직하다.

수확주에서 묘를 받을 때는 활착 후에 지베렐린을 25ppm(10개/20리터)을 1주일 간격으로 2회 정도 살포하여 휴면 타파를 시킨 후 사용한다. 주의할 점은 5월 이후 고온기에는 지베렐린 농도를 줄여 사용하여야 한다.

초기에 발생하는 화방은 제거하며 신엽이 출현한 후에 노엽을 제거한다. 1차 하엽 제거 후에는 역병 예방을 위하여 약제를 포기 관주해야 한다.

차광 시기는 대개 5월 상순 경이 적당하다. 차광 시기가 너무 빠르면 묘가 웃자라고, 흰가루병이 많이 발생한다. 너무 늦으면 런너 끝이 타는 팁번 현상이 많이 발생하고 런너 발생량도 감소한다. 차광 정도는 50% 내외로 차광하는 것이 좋다. 단동 하우스의 차광망은 반드시 하우스 외부에 설치하며, 장마 이후 여름철 고온으로 인해 생육이 불량할 경우에는 차광율을 높이는 것이 필요하다.

라. 양분 관리

● 토양 육묘

토양 정식 후에 추비는 런너 발생 초기에 10a당 요소 4kg정도 뿌리거나 요소 500배액을 액비로 하여 10일 간격으로 2~3회 주는데 질소가 과비되지 않도록 유의한다.

● 고설 베드 육묘

배양액의 공급 농도는 보통 전기 전도도(EC)를 기준으로 생육에 따라 0.5~1.0 dS/m 범위에서 관리하며 적합한 배양액 pH(산도)는 6.0~6.5 범위이다. 공급되는 양분이 과다할 경우에는 신엽이 뒤틀리고 런너 끝이 타는 증상이 쉽게 나타나며 도장하거나 탄저병 등 병해충 저항성이 낮아질 수 있으므로 엽색이 너무 진하지 않도록 적정 농도 범위 내에서 관리하는 것이 필요하다. 자묘의 생육 상태를 판단하여 정식일을 기준으로 20일 전에는 화아분화가 촉진될 수 있도록 양분 공급을 중단하고 수분만 공급하여 자묘의 체내 질소를 감소시킨다.

배양액의 공급량은 배지의 종류, 배지량 등 여러 가지 요인에 따라 다르기 때문에 일관된 수치를 나타내는 것은 불가능하다. 대체로 정식 직후 활착을 촉진하는 시기에는 충분히 관수하고 활착이 된 이후에는 서서히 줄인다.

표. 고설 베드 육묘시 비배 관리 기준

구 분	양액 육묘
주요 성분	• 생장에 필요한 양분을 적정 농도로 희석하여 투입 – 질소, 인산, 칼리, 마그네슘, 칼슘, 아연, 붕소, 구리, 망간, 몰리브덴, 철
공급 횟수	• 1~3회/일 공급
공급 농도	• (정식 초기) EC 0.5 dS/m → (육묘 중기) 0.6 ~ 1.0 dS/m → (육묘 후기) EC 0.6 dS/m • 정식 20일전 화아분화 촉진을 위한 양분 공급 중단 • 육묘 전 기간 엽색이 너무 진하거나 도장하지 않도록 양액 공급 농도 조절 필요
공급 방법	• 타이머, 일사 비례, 토양 수분 함량 제어 등
유의점	• 양액 기계 사용법을 숙지, 양액 혼입 장치 필요

6. 모주 관리 기술

딸기 포트 육묘에서는 육묘 초기에 다수의 자묘를 확보하여 육묘해야 묘소질이 양호하여 정식묘로서의 가치가 높지만 육묘 기술이 부족한 농가의 경우 조기에 자묘를 충분히 확보하지 못하여 묘소질이 불량하거나 정식묘가 부족한 경우가 현장에서 빈번하게 발생하고 있다.

딸기 모주는 정식 후 관부의 굵기가 1.5cm가 될 때까지 크게 키워야 충실한 런너가 발생한다. 정식 후 발생하는 약하고 부실한 런너와 액아는 조기에 제거한다. 런너의 마디에서 발생하는 곁가지는 제거해야 런너가 굵고 충실해지며 통기성도 좋아진다. 딸기 육묘시 모주의 액아를 적절히 관리하지 않을 경우에 액아에서 가는 런너가 발생하여 자묘의 묘소질이 불량해지는 경우가 있다.

모주의 액아를 모두 제거했을 때보다 1~2개 남기고 제거하는 것이 자묘의 묘소질을 높일 수 있다. '설향' 포트 육묘에서 모주에서 발생하는 액아 중에서 충실한 액아 1개를 남기고 나머지는 일찍 제거하여 육묘했을 때 모주의 액아를 모두 제거하였을 때보다 묘소질이 대체로 양호한 다수의 자묘를 확보할 수 있다는 결과를 가져왔다. 모주의 액아를 제거하지 않고 방임하여 육묘할 경우에는 자묘의 묘소질이 불량해 질 수 있다.

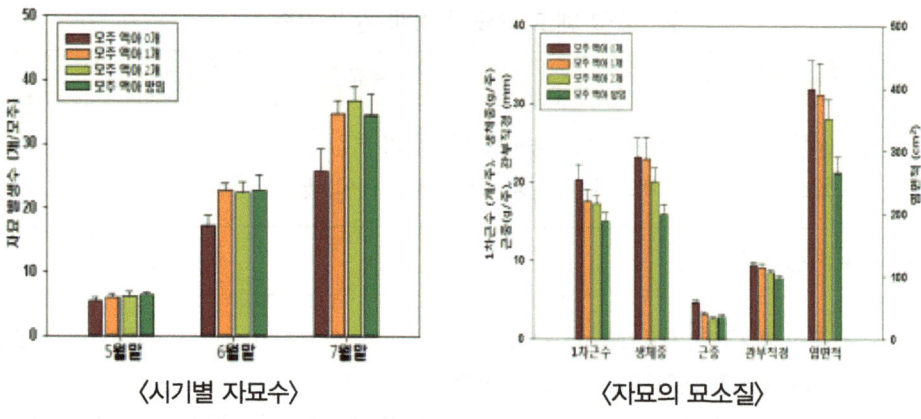

〈모주 액아수 조절에 따른 시기별 자묘 발생수 및 묘소질('13,원예특작과학원)〉

7. 런너 발생 촉진 조건

촉성재배에서 딸기의 자묘를 조기에 확보하는 것은 매우 중요하다. 8월 초에 화아분화 촉진 처리를 위해 7월 말까지는 본엽 3매 이상의 자묘 확보가 완료되어야 하므로 적어도 5월 중순까지는 7개 정도의 런너를 발생시켜야 한다.

런너는 새 잎의 겨드랑이에서 발생하므로 런너 발생을 촉진하려면 새 잎의 발생을 촉진시켜야 한다. 휴면이 충분히 타파되지 않았거나 생육이 저조하면 모주 정식 후에 지베렐린 25ppm(10개/20리터)정도를 관부(크라운 부위)에 살포한다. 5월 이후 고온기에는 10ppm으로 농도를 줄여 사용해야 한다. 참고로 20리터에 지베렐린 4개를 넣으면 10ppm이 된다.

모주를 조기 활착시키기 위해 미리 포트에 가식하여 어느 정도 생육을 시킨 다음에 정식해도 좋고, 정식 후 비닐 멀칭을 하여 생육을 촉진시켜도 된다.

● **런너 촉진은 새 잎을 빨리 출현시킨다.**

● **냉장(저온)처리로 어미묘를 조기에 휴면을 타파시킨다.**

런너 발생을 위한 휴면 타파 시간은 보통 알려진 재배 중의 휴면시간 보다 10~20배 정도 더 많은 시간을 요구한다.

● **멀칭과 피복 자재로 보온을 해준다.**

어미묘를 봄에 일찍 보온을 해 주어 생육을 촉진시킨다.

표. 딸기 런너의 발생과 환경 요인

비 료	• 장애가 발생하지 않는 범위에서 질소 비료는 많을수록 런너가 많이 발생한다. • 인산 비료가 많을수록 발근이 좋다. • 칼리 비료가 너무 많으면 생육을 억제한다.
수 분	• 수분이 많으면 런너의 발생이 많다.
광 량	• 빛이 많을수록 런너의 발생이 많고 광합성 작용이 왕성하게 되며, 체내의 탄수화물이 증가한다.
온 도	• 휴면 타파를 위하여 저온(0 ~ 5℃)을 필요로 한다. • 온도가 올라가면 런너의 발생은 증가하지만 지나친 고온시 생육이 정지한다. • 저온이 되어 휴면에 들어가면 런너의 발생은 정지한다.
일 장	• 단일에서는 휴면하고, 런너는 발생하지 않는다. • 장일에서는 런너의 발생이 많으나, 저온에 의해 휴면이 충분히 타파되지 않으면 런너가 발생하지 않는다.

8. 런너의 발생과 자묘의 생육 조건

가. 자묘의 발근

자묘에는 관부에서 발생하는 1차근이 몇 개 나온다. 멀칭 위에나 공중에서 수분이 없는 상태에서는 이 1차근은 신장하지 못하고 짧은 채로 있다. 그러나 수분에 접촉하게 되면 바로 신장을 시작하고 세근이 발생함과 동시에 2차, 3차 뿌리로 분지하여 뿌리 양을 증가시킨다. 1차근의 발생은 모주나 상위 자묘의 영양 상태가 매우 중요하다. 또한 자묘는 계속해서 런너를 발생시키고 하위의 절에 자묘를 착생하기 때문에 방임하면 자묘의 양분 손실이 크다. 그러므로 필요한 자묘의 수가 확보되면 그 하위에 발생하는 런너나 자묘를 절단해 주어야 한다. 충실한 자묘를 받기 위해서 불필요한 양분 손실을 막는 것은 중요하다.

딸기의 1차근은 발생 후 공기 중에 노출되어 수분이 없는 상태에서 십여 일이 지나면 노화하여 양수분 흡수 기능이 정지되어 고사하는 특성을 가지고 있다. 그러므로 모주상에서 일찍 발생한 뿌리는 본포에서는 제 기능을 하지 못하고 노화될 수 있다. 이 때문에 자묘의 생육을 균일하게 유지시키기 위해 어느 한 시기에 일제히 뿌리를 내리게 하기 위하여 뿌리를 착근시키는 배지를 건조하게 하여 뿌리 발근을 정지시켜 두고 정식에 필요한 자묘의 개수가 충분히 확보된 후에 배지에 수분을 공급하여 일제히 발근을 유도하여 묘령을 균일하게 만든다.

나. 런너의 제거

자묘는 런너를 발생하여 하위의 자묘를 착생하기 때문에 런너의 발생을 방치하면 자묘의 양수분 손실이 크다. 따라서 개개의 자묘를 충실하게 하기 위해서는 모주로부터 자묘를 절단하는 시기와 같이 원하는 자묘의 하위에 발생하는 자묘를 절단하는 시기도 중요한 포인트가 된다. 또한 런너를 방치하면 자묘가 너무 많이 발생하여 채광성이 떨어져 웃자라게 된다. 그러므로 원하는 자묘가 발생한 이후의 런너는 제거하는 것이 좋다.

자묘가 생육하는 동안 하위 런너의 절단 유무가 자묘에 미치는 영향을 보면 8월 20일에 자묘를 고정시키고 그 이후에 발생하는 런너를 절단해준 것은 절단 안한 것에 비해 묘의 생체중이 월등하게 좋은 결과를 가져왔다. 일찍 절단할수록 묘소질이 좋아졌다.

표 . '레드펄'품종에서 하위 런너의 절단 유무에 따른 자묘의 생체중 반응(최재현, 2007)

런너절단 시기	8월 20일	9월 1일	9월 10일	9월 20일
절단(g/주)	19.4	13.2	13.5	11.3
무 절단(g/주)	13.4	11.5	11.3	8.0

다. 적엽

자묘를 원하는 수만큼 확보한 후에는 자묘의 전개된 잎이 3매 정도가 되도록 수시로 적엽을 한다. 적엽은 관부로부터 1차 뿌리의 발생과 양·수분 흡수를 촉진한다. 또한 자묘에 남아있는 잎의 채광성이 향상되기 때문에 생육이 촉진되어 균일한 묘 생산이 가능해진다.

실제로 잎을 제거하여 묘소질이 좋아지는 여부를 확인한 결과 잔존 엽수가 적을수록 엽병장이 짧아졌고, 관부 직경은 굵어지며 출엽 속도는 빨라지는 특성을 보였다. 이것은 적엽에 따른 양분이 잔존 엽수로만 이동되기 때문으로 추정된다.

표. 적엽에 의한 자묘의 소질 비교(최재현, 2007)

전개된 엽수	엽병장 (cm)	관부 직경 (cm)	신엽 발생 (일)	엽 장 (cm)	엽 폭 (cm)
2개	3.1	8.2	11	6.0	4.6
3개	4.2	8.3	12	6.0	4.2
4개	6.2	7.7	12	6.4	4.1
무제거	8.1	7.1	13	6.3	4.1

또한 육묘 기간 중 적엽시 체내 질소가 효과적으로 감소하여 화아분화를 촉진시켜 정식 후 정화방의 출뢰를 2~3일 정도 촉진하고 개화가 균일해지며 조기 상품과 수량(12월~2월 하순)이 무적엽구보다 높았다.

라. 채광성 향상

자묘 발생 시 묘소질을 좋게 하기 위해서는 적당한 시기에 불필요한 런너를 자르고, 포트 간격도 넓을수록 좋다. 햇빛을 충분히 받아야 충실한 묘가 만들어지고 환기도 잘 되어 병 발생을 줄일 수 있으므로 자묘를 많이 받기 보다는 충실한 묘를 받는 것을 중시해야 한다. 자묘 유인 후에는 적엽을 해 주고 간격도 넓힌다.

마. 탄저병의 예방

탄저병 발생 방제는 육묘 중에 가장 중요한 작업이며, 발생 시에는 정식 후에까지도 식물체가 고사되므로 매우 주의해야 한다. 탄저병에 의한 묘의 고사는 런너나 엽병의 병반에 형성된 포자가 빗물이나 관수에 의해 퍼지면서 줄기를 타고 크라운에 침범하기 때문에 나타난다. 따라서 런너나 엽병에서 탄저병의 발병을 방지하는 것이 중요하며 일단 고사가 시작되면 주위에 포자가 많이 퍼져 있어 방제 시기가 늦어진다. 관수 시에 스프링클러나 두상 관수에 의한 관수는 병 발생을 악화시키므로 좋지 않다.

탄저병의 전염을 막기 위해 비가림 시설을 이용하여 육묘한다면 자묘의 관수는 점적호스를 이용하여 지제부에 관수해 주거나 저면 관수를 이용한다. 이러한 시설이 없어 부득이하게 살수 관수를 할 경우에는 저 수압의 살수 튜브를 사용하여 물보라가 일어나지 않게 관수한다.

탄저병의 병원균은 비교적 고온인 28℃이상에서 왕성하게 활동한다. 저온기에는 감염되어도 발병하지 않고 있다가 정식 후 하우스를 고온으로 관리하면서 발병을 시작하여 생육 중에 고사가 된다. 이 잠재 감염주는 정식 후에 관리를 어렵게 할뿐 아니라 보식 등의 노력도 많이 들고 생육이 균일하지 못하여 수량 감소로 이어진다. 그러므로 감염주 주변의 묘까지 모두 제거하여 최대한 안전한 묘를 정식하고, 병 발생 전에 자묘 분리를 하여 병의 이동을 막아야 한다.

탄저병은 질소 과다로 인한 과번무가 발병을 조장시키며, 일단 발병된 포기는 빨리 뽑아서 별도의 봉지에 담아 묶어두어 혐기 발효가 일어난 후에 병원균을 살균하고 나서 버린다.

9. 육묘용 배양토 및 포트

가. 배양토 조건

🟢 **자묘 육묘용 포트에 들어가는 배양토는 비료분이 없어야 한다.**

육묘시 필요한 양분은 외부에서 공급하며, 배양토 자체에 비료분이 있으면 화아분화 유도시 장애 요인이 된다.

🟢 **투수성이 좋아야 한다.**

물 빠짐이 좋으면 물주는 횟수가 늘어나 관리에 많은 노력이 요구되지만 뿌리 발달은 좋아진다. 육묘 기간이 길므로 처음에는 물 빠짐이 좋아도 시간이 지날수록 나빠지는 경우가 있으므로 주의해서 선택해야 한다.

🟢 **잡초 종자가 섞이지 않게 조제해야 한다.**

🟢 **병해충 감염이 없는 배양토를 사용한다.**

전년도 사용했던 배양토를 이용하거나 할 경우 철저한 토양 소독이 필요하다. 물리성 저하도 고려하여 물리성 개선 재료를 첨가한다.

나. 배양토 재료

배양토로 사용되는 재료는 특정한 것은 없다. 상토로서는 피트모스보다는 투수성이 좋은 코코피트를 사용하고, 여기에 펄라이트나 질석 등을 혼합하여 사용한다. 이러한 혼합 상토를 사용할 경우 뿌리 발달이 좋고, 취급하기도 용이한 장점이 있지만 정식 포장에 정식할 경우에는 상토와 흙이 잘 밀착되지 않아 뿌리 발달이 나빠진다. 그러므로 상토를 일부 털고, 뿌리를 절단하여 정식하는 농가가 많다. 토양 재배에서 정식 시에 뿌리 발달을 좋게 하기 위해서는 혼합 상토에 마사토를 절반 정도 섞는 방법도 있다. 이 때 마사토를 사용하면 포트의 무게가 무거운 단점이 있지만 굵은 뿌리 발생이나 정식 후 토양과 밀착되어 뿌리 발달을 좋게 해 주는 이점이 있다.

다. 포트

일반적으로 사용되는 포트는 개별 포트, 연결 포트 24구, 28구, 30구, 32구 등 여러 종류가 있다. 딸기 포트는 폭이 좁으면서 깊이가 10cm 정도 되는 포트가 주로 사용되는데, 이는 육묘 기간이 60일 이상이 되므로 충분한 뿌리 발달을 유도하기 위해서 깊이가 어느 정도 있는 것이 좋다. 좋은 묘를 양성하기 위해서는 포트의 공간이 크고 넓은 것이 좋으나 육묘 공간을 고려해서 결정해야 한다.

〈다양한 육묘포트 형태〉

촉성딸기 육묘시 자묘를 받는 포트의 지상부 육묘 공간을 넓히면 단위 면적당 생산할 수 있는 자묘수가 감소하고, 지하부 셀 용량을 넓히면 상토량이 증가한다. 연결포트를 사용할 때 포트규격에 관한 실험에서 관행의 135㎖(72㎠)보다 지상부 면적과 지하부 용량을 증가시킨 170㎖(100㎠)포트를 사용했을 때 1화방 출뢰일과 수확개시일이 앞당겨졌으며 정식 후 초기 수량이 12.5% 증수되었다.

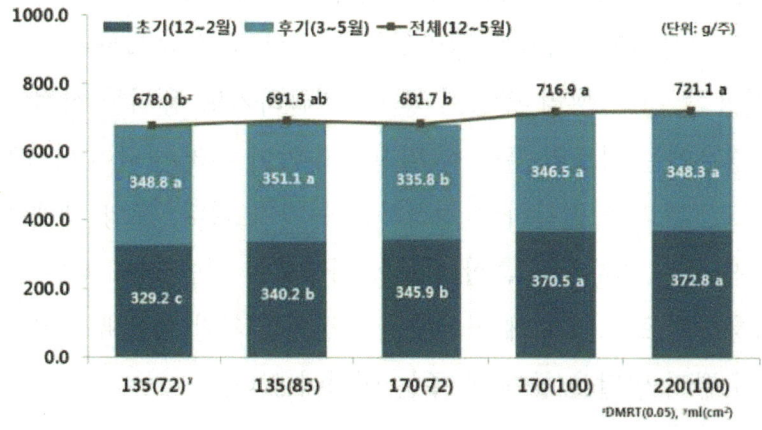

〈육묘 트레이 규격에 따른 시기별 주당 수량 비교('18, 전북농업기술원)〉

육묘 기초 기술

딸기 촉성재배 육묘기술 (제3판)

Ⅲ
육묘 세부 기술

1. 육묘 방법
2. 포트 육묘 세부 기술
3. 화아분화 촉진 기술
4. 육묘에 있어서 묘소질

Ⅲ. 육묘 세부 기술

1. 육묘 방법

 육묘 방식을 크게 분류하면 자묘를 받는 장소에 따라 노지 육묘와 비가림 육묘로 구분할 수 있으며, 자묘를 받는 용토에 따라 토경 육묘와 포트 육묘로 나눌 수 있다. 여기에서는 노지 육묘와 비가림 육묘(포트 육묘 중심)로 나누어 설명을 하고자 한다.

> **육묘방식**
> 1. 노지 육묘, 비가림 육묘(하우스 내의 일시 채묘, 차근 육묘, 포트 육묘 등)
> 2. 토경 육묘(노지 육묘, 차근 육묘 등), 포트 육묘

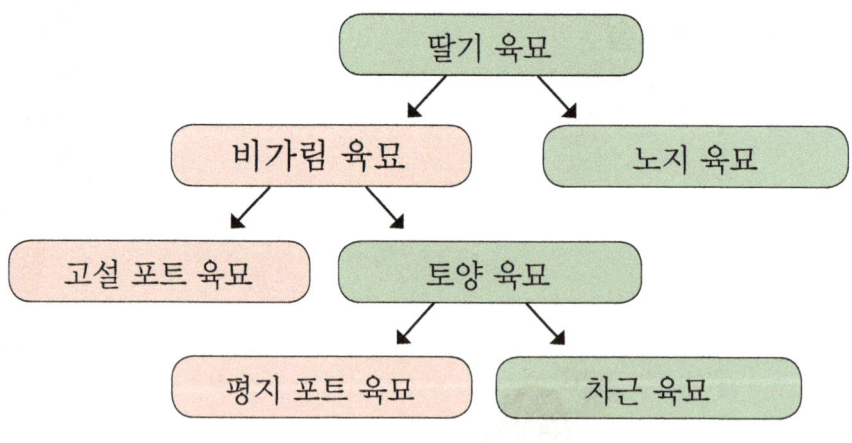

〈딸기 육묘의 종류〉

가. 노지 육묘

 노지 육묘는 반촉성 작형에 적합한 육묘 방식으로서 탄저병에 어느 정도 저항성을 가진 '레드펄'품종으로 반촉성 재배할 때 많이 이용하는 육묘 방식이다. 과거 국내 육묘 방식의 대부분을 차지하였으나 최근 '레드펄'품종의 재배 면적이 크게 줄어들면서 노지 육묘 비율도 높게 감소하였다. 노지 육묘는 관수 시설 외에는 특별한 시설은 필요 없으나

관리 면적이 넓어 제초에 상당한 노력과 비용이 소모된다. 뿐만 아니라 국내의 고온 다습한 여름철 환경으로 인한 탄저병 등 병해충의 발생이 많아 방제 노력이 많이 들며 생산된 묘의 균일도가 낮아서 육묘의 안정성 및 육묘 효율이 많이 떨어진다.

〈딸기 노지 육묘 광경〉

(1) 육묘 포장 만들기

육묘포는 병에 오염되지 않고 침수의 위험성이 없으며 배수성이 좋고 지력 및 보수력이 좋은 곳을 선정한다. 전년에 딸기를 재배했거나 육묘포로 사용했던 곳은 토양 소독을 한다. 모주상은 본포 면적 10a(300평)에 대해서 3a 정도의 면적이 필요하며 10a 육묘시 필요한 모주수는 대략 2,000주이고 생산 가능 자묘 수는 약 60,000주이다

1m 내외의 이랑을 만들고 한쪽 면에만 정식 시에는 30㎝ 간격으로 모주를 정식하고 양쪽 면에 정식 시에는 50㎝ 간격으로 정식한다. 모주 정식 시기가 늦을 경우에도 양쪽으로 정식하여 자묘 확보를 빨리하여 잡초와의 경합에서 유리하도록 한다.

비료는 정식 약 1개월 전에 토양 산도를 감안하여 pH가 6이하이면 석회 100kg 정도를 살포 후 혼합하고 염류가 집적되지 않았다면 정식 10일전에 10a당 퇴비 3,000kg, 질소8kg, 인산 10kg, 칼륨 8kg을 전면에 시용 후 경운 작업을 한다. 관수 시설이 잘 되어있는 하우스 내라면 추비 위주로 육묘를 하는 것이 좋으므로 밑거름을 줄이거나 넣지 않아도 문제가 되지 않는다.

최근에는 노지 포장도 지력이 좋아져서 밑거름을 사용하지 않고 육묘를 많이 하고 있다

(2) 육묘포 관리

정식 시기는 3월 하순~4월 상순이 적기가 되며 건실한 자묘를 조기에 확보하기 위해서는 정식이 늦지 않도록 한다. 정식의 방법은 두둑 폭을 1m 내외로 하고 주간 거리를 30~50cm로 하여 심는데 병해 방제를 위해 탄저병 약제에 침적 소독한 후 심는 것이 바람직하고 화방이나 마른 잎이 있으면 제거 후 정식한다.

정식 후에는 충분한 관수를 하여 활착을 촉진시킨다. 활착을 도모하기 위하여 개별 포트에 가식 후 심는 것이 초기 활착과 초기 관리에 유리하다.

저온기에는 소형 비닐 터널을 덮어 보온을 해주는 것이 좋고 화방이 출현되면 빨리 제거하고 활착이 되면 지베렐린 10~20ppm을 2회 정도 살포한다. 추비는 런너 발생 초기에 10a당 질소 2kg 정도 뿌리거나 500배액을 액비로 하여 10일 간격으로 2~3회 주는데 질소가 과비 되지 않도록 유의한다.

관수는 관수 호스를 모주 가까이에 설치하여 점적 관수로 조금씩 자주 해주는 것이 좋고 가급적 살수 또는 고랑 관수와 과습 상태의 관수는 피한다.

일찍 발생한 세력이 강한 제 1번 런너는 모주와 모주 사이에 유인하여 이를 모주로 이용하여 자묘를 받는 것도 효과적인 방법이다.

자묘가 3마디 정도 나오면 런너 핀을 이용하여 런너 정리를 해주고 하엽을 정리하여 통기성을 확보한다. 하엽 정리를 잘해주어야 굵은 자묘를 얻을 수 있다. 보통 3번 정도의 하엽 정리를 해주는 것이 좋다. 지나치게 런너가 많이 발생하여 혼잡하게 될 가능성이 있을 때는 적당히 런너를 솎아내는 것이 필요하다. 이때에는 약하고 가늘게 발생하는 약세 런너를 제거하고 세력이 강한 런너를 남기고 난 후 적절히 런너를 배치한다. 자묘를 필요한 만큼 다 받은 이후에는 자묘 분리를 해주어야 한다.

(3) 병해충 관리

바이러스를 전염하는 진딧물은 3월 하순경부터 증가하기 시작하여 4~5월에 가장 많다. 따라서 이 기간은 진딧물과 응애의 방제가 필요하며 6월 중순부터는 탄저병의 예방을 위한 약제 방제가 필요하다. 특히 '설향', '매향', '금향', '아끼히메'품종은 탄저병에 약해 묘부족 상황을 일으킬 우려가 크므로 이에 대한 예방 중심의 방제가 필수적이다.

노지 육묘의 가장 큰 문제점은 탄저병 발생으로 장마가 오기 전부터 9월 초순까지 주기적인 약제 방제가 필요하다. 하엽 제거나 자묘 분리 작업 후에는 반드시 탄저병 방제를 하여야 하며, 8월 말 이후 탄저병 방제를 소홀히 하는 경우가 있으나 최근의 기온 상승으로 이후에도 발생이 많으므로 예찰과 방제가 필수적이다.

노지에서도 포트를 이용하여 자묘를 받는 경우도 있으나 관수의 어려움과 탄저병 발생이 많아 고랭지가 아니라면 추천할 방법은 아니며, 방법은 포트 육묘와 유사하기에 포트 육묘에 준하면 된다.

〈한쪽면 정식〉　　〈양쪽면 정식〉

〈일반 노지육묘〉　　〈차근 노지육묘〉

나. 비가림 육묘

비가림 육묘란 노지가 아닌 하우스 내에서 육묘하는 모든 방법을 통틀어 말하는 것으로 포트 육묘도 비가림 육묘에 속하나, 일반적으로 하우스 내에서 토양에 육묘하는 것을 말한다.

비가림 육묘는 강우로부터의 탄저병 예방을 목적으로 하며 약제 살포 횟수나 탄저병의 발생을 노지보다 상당히 낮출 수 있어 건실한 묘를 키우는데 유리하다. 또한 하우스 내에 관수 시설이 되어 있으므로 수분 관리와 비배 관리가 매우 용이하며 노지에 비해 짧은 시간에 자묘를 받을 수 있다. 그러나 하우스 내부가 고온 환경이기 때문에 흰가루병, 응애 등이 발생하기 쉬워서 주기적인 약제 방제가 필요하며 묘가 도장하여 연약하게 자라게 된다. 온도가 상승하는 5월부터 정식 때까지는 차광망으로 피복하여 한낮의 고온에 의한 묘 체온의 상승을 억제하여 화아분화가 늦어지지 않도록 하는 것이 좋다.

비가림 육묘시 점적 호스를 이용한 관수가 아닌 스프링클러나 분사 호스를 이용하여 관수를 할 경우에는 노지에서 비를 맞는 효과와 비슷하여 딸기 잎과 줄기의 상처를 통한 병의 감염이 쉽게 되고 또한 하우스 내부가 과습하게 되어 병의 발생과 진행이 빨라지게 되므로 환기와 배수에 더욱 신경을 써야 한다.

비배 관리는 육묘용 복합 비료를 관수와 함께 하게 되는데 이때에는 질소 함량이 인산이나 칼륨보다 많은 비료를 선택하여 필요시 넣어주면 된다.

노지 육묘의 경우 어미묘의 정식 시기가 빨라도 4월 상순은 되어야 시작 하는데, 비가림 시설 내에서는 별다른 보온이나 가온 수단이 없어도 3월 상순까지 육묘기를 당길 수 있다. 신품종의 보급과 재배가 보편화되면서 촉성재배 작형이 대부분을 차지하게 되어 본포의 정식기가 빨라짐에 따라 묘의 나이(묘령)에 대한 중요성이 인식되어 육묘 기간을 연장시키고 일찍 다수의 묘를 확보할 수 있는 비가림 육묘가 중요시되고 있다.

표. 비가림 육묘에 의한 탄저병 방제 효과('02, 딸기연구소)

품 종	런너 탄저병 이병율(%)		비가림 방제효과(%)
	비가림	노지	
여홍	0.7	20.9	94.9
여봉	2.7	36.7	90.9

표. 육묘 방법별 묘소질 및 병해충 발생정도('02, 딸기연구소)

육묘 방법	생 육 상 태			화아 분화기	병 해		
	엽병장 (cm)	관부직경 (mm)	자묘발생수 (개/주)		탄저병	위황병	흰가루병
비가림	30.5	9.4	56	9.18	0.4	0.0	5.0
노 지	18.6	10.0	51	9.16	15.7	2.9	0.0

비가림 육묘를 할 때 몇 가지 주의 하여야 할 사항이 있다. 첫째, 시설 내부의 온도가 노지에 비해 높기 때문에 육묘 중 고온 장해를 입을 가능성이 많다. 둘째, 시설 내에서는 노지와 달리 고온 건조하기 때문에 흰가루병 및 응애가 많이 발생하게 된다. 특히, 건조가 심한 4~6월 사이에는 흰가루병이 크게 발생하는 시기인데, 차광 등으로 인해 묘가 웃자랄 경우 피해가 더욱 커진다. 차광율은 시설의 구조에 따라 차이가 있을 수 있으나 대개 30~50% 내외 정도로 가볍게 하는 것이 좋다. 흰가루병, 응애, 진딧물 등 병해충이 발생하게 되면 발생 초기에 방제하도록 힘써야 한다.

(1) 토경 육묘

비가림 시설내의 토양에 모주를 정식하고 토양에서 자묘를 육묘하는 것으로 보통 촉성 재배를 할 경우에는 화아분화를 인위적으로 유도하기 어렵기 때문에 토양 내에 비료나 퇴비를 많이 넣지 않는다. 반촉성 재배에 적당하며 육묘 후에 수확 포장으로 사용할 수 있기 때문에 하우스의 이용 효율을 높이는데 좋다. 단점은 육묘 기간 중 지속적인 수분 관리를 해야 하기 때문에 토양이 다져져 통기성이 부족해지기 쉽고, 모주의 지속적인 영양 관리로 토양 내에 염류가 집적될 수도 있다. 육묘 후에 정식 포장으로 사용하려면 자묘 절단 후 작업을 위해 자묘 이동과 토양 건조 노력이 들고, 제때에 정식하지 못하는 경우가 많다. 그러므로 수확 포장과 육묘 포장을 2~3년간 지속적으로 사용하면 토양의 물리 화학성 악화로 수확량 감소가 있을 수 있다.

〈일반적인 토경 비가림육묘〉

(2) 차근 육묘

 차근 육묘란 근권을 차단한다는 의미로 차근용 비닐이나, 부직포와 같은 물이 통과되는 시트를 이용하여 토양에 멀칭하고 그 위에 흙 또는 상토나 팽연왕겨를 5㎝ 이상 복토하여 런너를 유인 발근시키는 방식이다. 이 방법은 포트 육묘의 포트 구입 등의 초기 투자비용과 노동력이 많이 들어가는 단점을 보완하면서 촉성용으로 일찍 화아분화시킬 목적으로 많이 이용되고 있다.

 장점은 뿌리가 표토 5㎝ 범위 안에서 분포되기 때문에 근권과 질소 흡수를 차단하기 쉬우며, 하우스 안에서의 도장 등을 쉽게 막을 수 있고, 정식 시 뿌리 손상이 적어 조기 정식할 경우 토경에서 육묘한 자묘보다 활착율이 높아 정식기간이 넓어져 정식 시기의 분산이 가능하다.

 그러나 관수한 물이 잘 빠지지 않을 경우 뿌리의 손상이 발생할 수 있으며, 특히 고온기에 토양의 온도가 올라가므로 세심한 물관리가 필요하다. 물이 빠지지 않고, 토양온도가 올라가면 1차적으로 뿌리의 손상이 발생하고 그 손상된 부위에 역병이나 시들음병 등 뿌리를 부패시키고 가해하는 병이 발생하기 쉽다. 차근묘는 정식시에 뿌리의 길이가 7cm정도를 확보하여야 하며 정식기에 맞춰 급하게 런너 절단을 서두르면 쉽게 시들기 쉬우므로 정식 20일 전에 런너를 절단하는 것이 바람직하며 늦어도 10일 전에 절단을 하여야 한다.

〈차근 육묘〉

(3) 포트 육묘

베드를 이용하지 않고 두둑위에서 포트로 자묘를 받을 경우에는 제초의 문제를 해결하기 위해 일반적으로 자묘를 받을 연결 포트를 런너가 나오는 초기부터 깔아두어 포트로 바닥 멀칭을 한다. 포트 내에 수분이 없어 런너가 나오더라도 자묘에서 뿌리가 내리지 않는다.

포트 밖으로 뿌리가 나와 두둑의 토양으로 뻗어가는 것을 방지하기 위해서는 바닥 멀칭을 하는 것이 좋다.

전용 육묘장을 가지고 있는 경우, 정식묘를 모두 받은 후 사용한 모주를 버리지 않고 잎 제거와 병충해 방제를 하고 세력이 약하거나 병든 모주를 제거하여 8월 중순 이후 다시 한 번 자묘를 받아 내년도 모주로 이용하기도 한다. 이 경우 11월까지 모주 1주당 5~6개의 자묘를 더 받을 수 있다.

〈노지 포트 육묘〉　　〈노지 개별 포트〉　　〈노지 베드 개별 포트〉

〈베드(연결 포트)육묘〉　〈베드(개별 포트)육묘〉　〈토양 포트 육묘〉

포트 육묘란 자묘를 포트에 심어 육묘하는 방법으로 화분 또는 스티로폼 베드나 토양에 직접 모주를 정식하고 런너 발생을 촉진하여 자묘를 유인하고 개별 또는 연결 포트에 상토를 넣고 뿌리 발근을 유도하여 자묘를 증식하는 방법이다. 자묘를 육묘하는 위치에 따라 고설 포트 육묘 및 평지 포트 육묘로 나눌 수 있다.

자묘의 발근을 일시에 시킬 수 있어 묘의 균일도가 높아지고 1차근 등 뿌리를 충분히 확보하여 정식 후 활착과 육묘 후기 자묘의 체내 질소 수준을 효과적으로 조절함으로써 화아분화를 촉진하여 연내 수확이 가능하다.

평지 포트 육묘는 포트 밖으로 뿌리가 나와 두둑의 토양으로 뻗어가는 것을 방지하기 위해 부직포로 바닥을 멀칭한 후 그 위에 포트를 놓아 자묘를 유인하고 일정 시기에 자묘의 발근을 유도한다. 바닥이 고르지 않거나 배수가 불량할 경우 뿌리가 습해 피해를 받을 수 있으므로 주의한다. 고설 포트 육묘는 베드 시설을 하여 포트 받기를 한다. 고설 베드를 설치할 경우 작업 자세가 편안하여 작업 능률이 향상되는 장점이 있어 많이 이용되고 있는 형태이다. 고설 포트 육묘는 작업성이 편리하나 비닐 하우스의 높이가 낮으면 환기가 잘 안되어 고온으로 인해 재배 환경이 불량해지므로 주의한다.

〈고설 포트 육묘〉　　〈평지 포트 육묘〉

〈비가림 하우스 포트 육묘의 형태〉

(4) 삽목 육묘

모주에서 런너를 이용해 자묘를 유인하지 않고 자묘를 절단하여 상토에 유인하여 직접 발근시키는 방법이다. 삽목묘는 포트묘에 비해 관부 굵기가 작고 수량이 감소하고 활착을 위한 잦은 관수로 탄저병 발생 우려가 있지만 자묘 유인을 위한 노동력을 절감할 수 있고 화아분화가 균일한 장점이 있다.

삽목에 이용되는 삽수는 관부가 굵고 큰 자묘가 유리하며 엽수가 2~3매 발생한 3~5g의 중대 삽수를 채취하고 최소한 1매 이상 잎을 남긴 다음 삽목한다. 삽수를 채취한 다음, 3℃에서 20일까지 저장이 가능하므로 여러 차례 채취한 삽수를 저온 저장하였다가 일정량이 모이면 한꺼번에 삽목한다. 저장 기간이 길면 부패율과 활착율이 급격히 떨어진다. 탄저병은 삽목하기 2~3일 전에 방제하고 삽목 당일에 탄저병 약제(스포르곤)에 침지하면 뿌리 활착과 생육이 억제되므로 주의해야 한다.

표. 딸기 삽목 육묘시 삽수 조제 방법 및 저장 조건별 삽목 활착률('07, 국립원예특작과학원)

구 분	조사항목	처리내용	활착률(%)
삽수 조제 방법	삽수의 잎수	잎 제거 1매 남김 모두 남김(2~3매)	80.3 93.3 92.2
	삽수 크기	대(5.0±0.5g) 중(3.0±0.5g) 소(1.85±0.5g)	98.9 95.6 92.2
삽수 저장 조건	저장 기간(일)	0 5 10 15 20	84.4 100 94.4 98.9 96.7
	저장 온도(℃)	3 8 13	100 100 100

시설딸기 삽목육묘시 활착율을 높이고 온도를 낮추기 위해서는 차광이 필수적이다. 활착율을 높이기 위해 차광망과 부직포 등을 씌워 온도를 낮추고 직사광선을 회피한다. 삽목상의 온도가 30℃ 이상의 고온이 되지 않도록 관리하고 삽목 후 10일 정도 지나면 묘의 활착 상태를 확인하여 차례로 벗겨준다.

관수는 상토 종류에 따라 차이가 크며 삽목상자(상토+마사)에 삽목할 경우에는 차광피복 후 1시간에 1회 정도 관수하고 포트에 직접삽목시는 차광상태에서 3~4회 관수하고 뿌리가 내리면 2~3일 간격 등 관수 횟수를 조절한다. 차광을 벗긴 후에는 관행묘에 준하여 관리한다.

삽목상의 적정 차광정도에 대한 연구 결과 차광율은 90%가 가장 적합하였다.

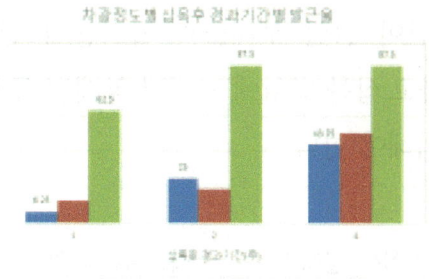 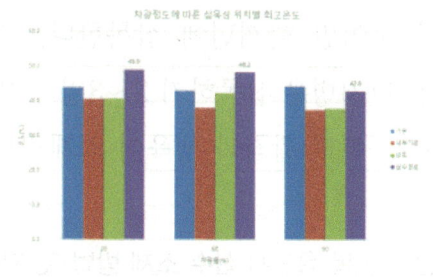

〈차광율별 경과기간별 발근율〉　　　〈차광정도별 삽목상 온도〉

〈시설딸기 삽목육묘시 적정 차광율('19, 국립원예특작과학원)〉

　삽목육묘시 생존율과 발근량 증대를 위한 차광재료에 대한 연구 결과 포트에 자묘를 삽목한 직후, 충분히 관수하여 상토를 포화시키고 투명 PE필름(비닐)로 완전히 밀폐하여 피복하고, 그 위에 흰색부직포를 7일간 차광하여 뿌리 발근을 유도했을 때 투명 PE필름만 피복한 처리보다 생존율이 10.4% 향상되었다.

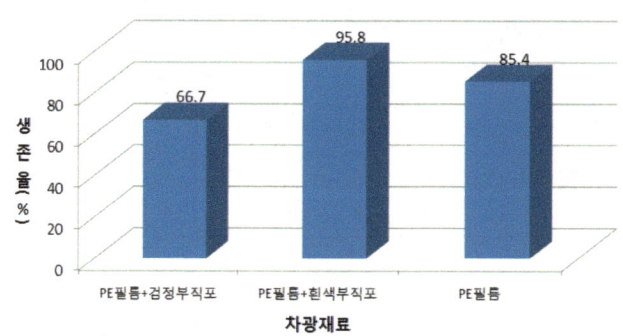

〈삽목육묘시 차광 재료에 따른 생존율('18, 딸기연구소)〉

　관행 육묘 과정에서 자묘 부족이 예상될 경우 수확중인 포기에서 5월 중순 수확을 종료하고 런너를 발생시킨 후 6월 하순 자묘를 삽목하고 60일 이상 육묘한 후 촉성 재배용 정식묘로 사용할 수 있다. 삽목묘를 활용할 경우 육묘기간이 50일 이하로 짧을 경우 관행 육묘 방법에 비해 수량이 감소한다. 시들음병과 탄저병은 모주 감염 가능성이 높으므로 건전한 모주에서 런너를 채취해야 하고, 육묘 기간 중 정기적인 방제 관리가 필요하다. 6월 하순 이전에 삽목을 하면 장마기의 고온 다습 조건으로 발근에 유리하고, 이후는 고온 조건으로 발근율이 낮다.

육묘 세부 기술

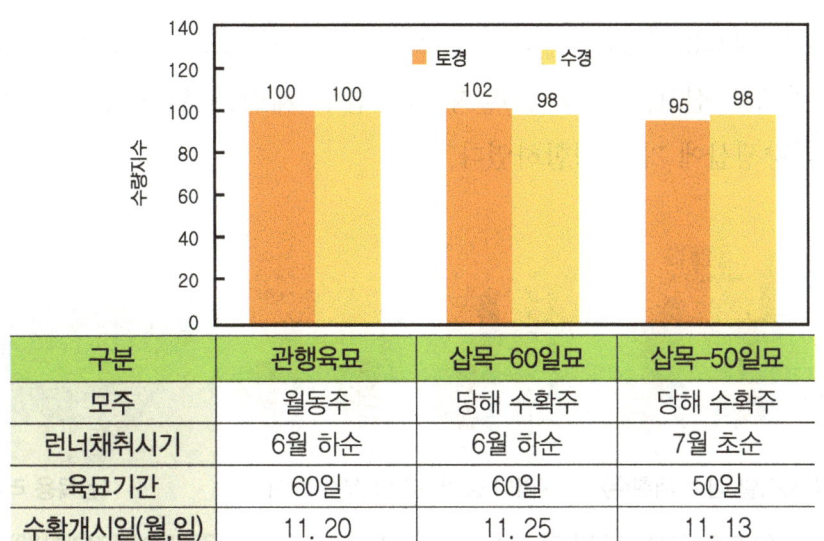

〈당해 수확주에서 채취한 삽목묘를 활용한 촉성 재배('08, 경남농업기술원)〉

수량성을 높이기 위한 삽목 시기는 6월 10일 전후 장마기에 하는 것이 바람직하다. '설향'품종을 6월 11일에 삽목하여 육묘 후 딸기 재배를 했을 때 6월 말~7월 초에 삽목하는 것보다 총수량이 10.4% 증가하였다.

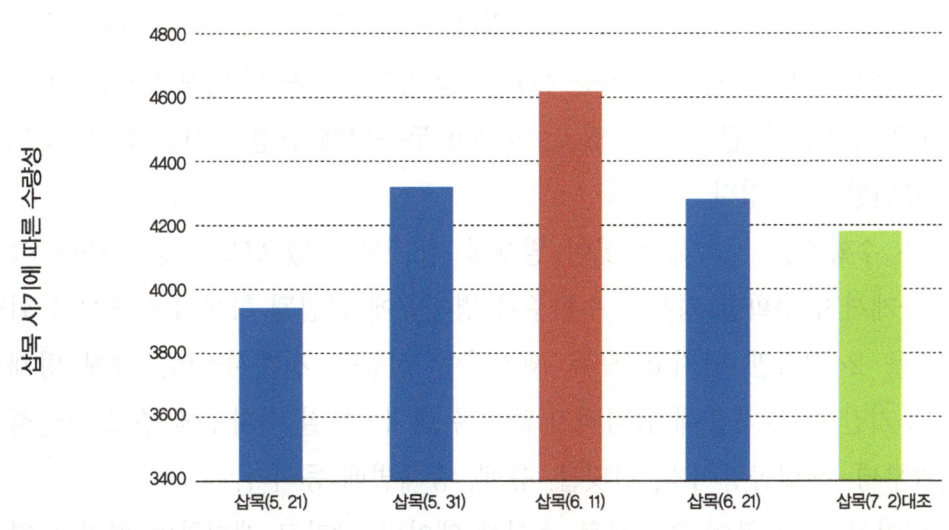

〈삽목 시기에 따른 수량성('19, 딸기연구소)〉

축성재배용 자묘(9월 15일 정식, 75일묘) 생산을 기준으로 삽목묘를 생산할 경우 2월 하순에 어미묘를 심고, 그 후 20일째부터 삽수 채취를 위한 런너를 방임하는 것이 우량묘의 대량생산에 가장 적합하였다.

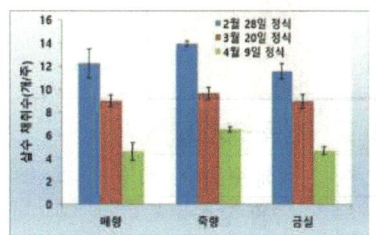
〈어미묘 정식시기별 삽수 채취수〉

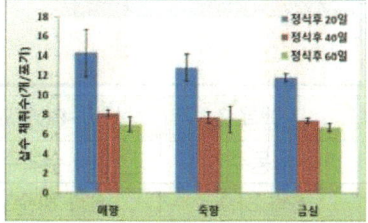
〈러너 방임시기별 삽수 채취수〉

〈삽목용 러너 방임〉

〈어미묘 정식시기 및 러너 방임시기별 삽수 생산량('19, 국립원예특작과학원)〉

(5) 수확주 이용 육묘

딸기는 겨울철에 계속적인 화아분화로 딸기를 수확하고 봄철의 고온 장일 조건이 되면 점차 런너를 발생하게 된다. 이것을 이용하여 수확한 포기에서 새로운 자묘를 받는 방법은 저온 처리된 새로운 모주에서 받는 것보다 자묘 발생량이 적고, 묘가 연약하게 자라 잘 사용하지 않고 있다. 그러나 모주 확보가 되지 않았거나 육묘 포장이 별도로 준비되어 있지 않으면 수확주를 이용하여 육묘를 할 수도 있다.

수확주를 이용한 육묘 포장 조성은 한 고랑 건너 한 고랑씩 두둑을 경운하여 양쪽으로 자묘를 유인할 수 있게 만든다. 이때 차근 육묘를 할 경우는 바닥에 멀칭을 하고 그 위에 흙을 3~4cm 얹어 자묘를 받을 수도 있고, 경운한 두둑위에 검정 멀칭을 한 후 포트를 깔고 자묘를 유인할 수도 있다.

주의할 점은 수확주는 계속해서 꽃이 발생할 가능성이 있으므로 꽃대 출현 즉시 제거해주며, 늦게까지 수확한 경우는 수확주가 병해충에 감염될 확률이 높으므로 화방 및 모주의 엽을 2~3엽만 남기고 모두 제거하여 신엽을 전개시키며, 약제 방제를 실시하여 육묘 기간 중 병해충에 감염되지 않도록 한다. 봄철 수확주에 주로 발생하는 병해충은 흰가루병, 잿빛곰팡이병, 진딧물, 응애, 총채벌레 등이다.

수확주는 액아가 많이 붙어 있으므로 충실한 액아만 남기고 제거하며 뿌리 노화가 심하므로 북돋기를 하여 새 뿌리 발생을 촉진시킨다. 발생하는 런너 중에 약한 런너는 제거하고 충실한 런너만 유인하며 웃자랄 수 있으므로 적엽을 수시로 해주어 자묘 사이의 통풍을 원활히 해주어야 좋은 묘를 생산할 수 있다.

〈수확주를 이용한 비가림육묘〉

〈수경 재배에서 수확주를 이용한 육묘〉

2. 포트 육묘 세부 기술

가. 장단점

● 화아분화의 촉진

딸기는 저온, 단일 조건 하에서 화아분화가 진행되는데 체내의 영양 조건에도 좌우된다. 체내의 영양 조건을 조절하여 화아분화를 촉진시키는 방법으로는 C/N(탄소/질소)율을 높이는 방법이 있다. 첫 번째로는 인산과 칼륨을 엽면살포하여 흡수된 질소량보다 탄소 비율을 높이는 방법으로 1주일 정도의 촉진 효과가 있는 것으로 알려져 있다. 두 번째로 단근 처리를 함으로써 질소의 흡수를 억제시켜 체내의 질소 함량을 낮추는 것이다. 그러나 이러한 방법은 토양 내에 비료 성분이 많을 경우 화아분화 시기를 조절하기가 곤란하고 또한 기존 토양에 있는 비료를 흡수하게 됨으로 바람직한 질소 중단 방법이라고는 할 수 없고, 포트 육묘 방법을 이용하면 한정된 포트 내에서 근권 제한과 양분 흡수를 효율적으로 제어할 수 있어 화아분화를 촉진시키는데 유리하다.

● 수량의 증가

포트 육묘에 의해 화아분화가 촉진되어 개화 및 수확시기가 빨라지면 조기 수량이 증가하고 총수량도 증가한다. 총수량이 증가하는 요인은 저장 기관인 근부의 발달이 좋아 본포까지 영향을 주며 수확 기간이 길어지는 이유 때문이기도 하다. 일반적으로 포트 육묘가 토경 육묘보다 20% 정도 증수하는 것으로 알려져 있다.

● 병해의 경감

포트 육묘에서는 배수가 양호한 무병토를 쓰는 것을 전제로 하고 있기 때문에 수분과 관련성이 깊은 역병, 시들음병, 탄저병 등의 병해 발생이 적다. 또한 묘 개체별 관리가 세심히 이루어지기 때문에 건전한 우량묘가 얻어진다.

주의할 점은 모주나 자묘의 상토가 너무 습하게 되면 뿌리썩음병과 시들음병의 발생이 많아지게 되므로 배수가 잘되는 상토를 사용하고 상토의 온도가 높아지지 않도록 차광막을 치고 환기가 잘되도록 하여야 한다.

● 균일한 묘 생산

딸기 재배에서는 10a당 약 1만주의 묘가 필요하며 육묘에 많은 노력이 든다. 화아분화 촉진 기술로 고랭지 육묘가 있는데 보통 원격지이기 때문에 관리, 묘 운반 등 노력이 많이 들고 야냉 육묘시에는 시설비가 많이 든다. 이것에 비하면 평지의 포트 육묘는 간편하고 거의 균일한 묘를 얻을 수 있다.

또한 노지 육묘에 비하면 용토의 준비, 자묘 유인과 관수 등에 많은 노력이 들지만 제초 노력이 매우 적고 정식이 용이한 이점이 있으며 포트묘는 노지묘와 수확 왕성기가 다르기 때문에 노지묘와 포트묘를 이용한 작형 조합을 잘 시킨다면 재배와 수확 노력을 시기적으로 분산시킬 수도 있다.

● 단점

고설 베드를 설치할 경우 초기 시설 투자 비용이 발생하고 측고가 낮은 비닐 하우스에 베드를 추가로 설치할 경우 환기가 불량하여 고온 피해를 받을 수 있으므로 주의가 필요하다.

나. 고설 육묘 베드의 규격과 설치

고설 육묘의 베드 높이는 주로 작업하는 작업자의 평균 키를 고려하여 작업시 작업자의 피로도가 가장 적은 높이로 설치하는 것이 바람직하다. 베드 설치시 양수분이 적당한 속도로 흘러내리도록 1/70 ~ 1/100 정도의 구배를 둔다.

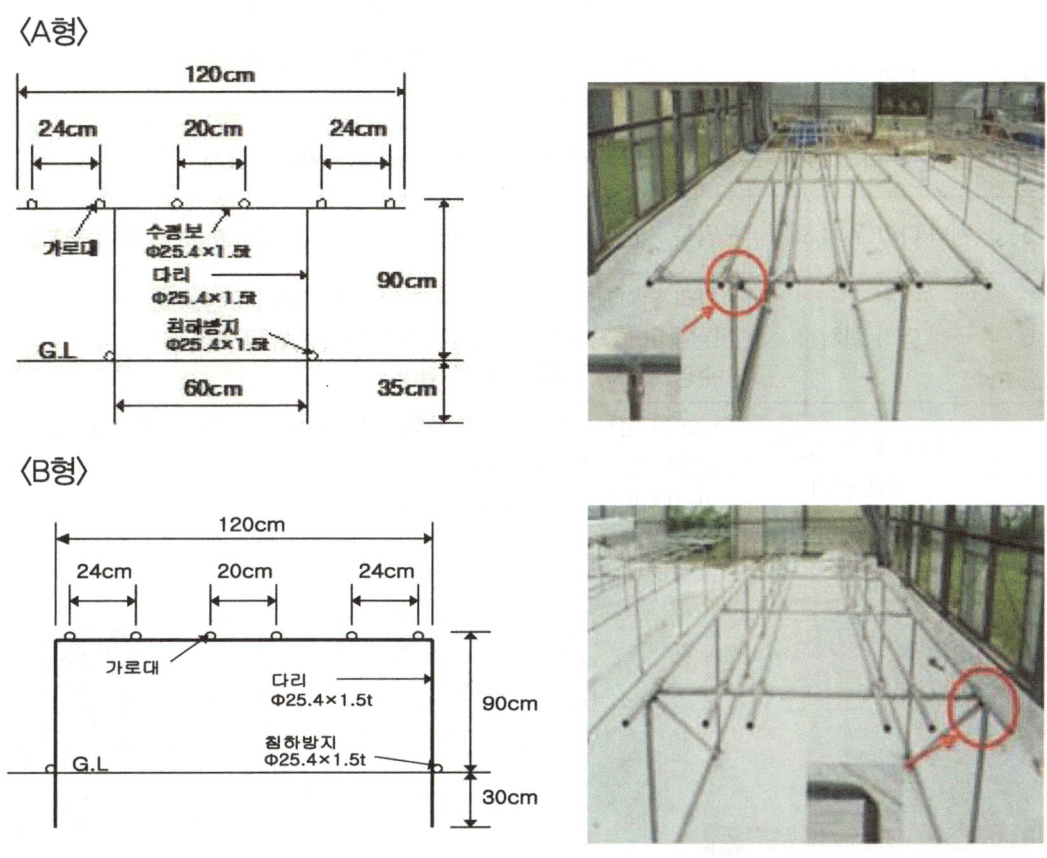

표. 고설 육묘 베드의 규격 (마사:피트모스=1:1인 경우)

벤치 형태	폭 (cm)	높이 (cm)	다리 파이프 규격	가로대 파이프 규격	다리 간격 (cm)
A-1	120	90	Ø25.4×1.5t	Ø25.4×1.5t	190
A-2	120	90	Ø25.4×1.5t	Ø22.2×1.2t	150
B-1	120	90	Ø25.4×1.5t	Ø25.4×1.5t	120
B-2	120	90	Ø25.4×1.5t	Ø22.2×1.2t	110

* 최대 허용 하중 : 모주베드(50kg/m), 자묘포트(15kg/m)

표. 육묘 베드의 설치 방법과 순서

순서	구 분	작 업 내 용
1	땅고르기	– 하우스 지면을 정지
2	배수로 설치	– 하우스 폭에 따라 벤치의 수와 통로 폭을 결정 – 길이방향으로 벤치 중심을 따라 배수로 설치 (모주베드에 육묘포트에서 배수되는 물을 집수)
3	지면 멀칭	– 흑색PE필름, PP마대 등을 이용하여 지면 멀칭 (잡초방제, 배수로의 집수 목적)
4	기준점 다리 설치	– 하우스 양쪽 부분에 기준점이 될 다리 위치를 표시
5	벤치 다리 위치 표시	– 양쪽 기준점에 파이프를 박고 실을 띄워 연결하여 전체 다리 위치를 표시
6	다리 설치	– 다리 위치에 정이나 못 쓰는 파이프를 이용해 구멍을 미리 뚫어둔다 (땅속의 돌이나 이물질로 다리파이프가 손상되지 않게) – 수평계를 이용하여 다리를 설치
7	가로대 및 침하방지 파이프 설치	– 다리가 설치되면 조리개를 이용하여 상부에 가로대, 지면 부위에 침하방지 파이프를 설치 – 가로대의 간격은 모주베드, 육묘 트레이에 맞게 설정

〈땅고르기 및 멀칭〉

〈베드 다리 위치 표시〉

〈다리 위치 구멍 뚫기〉

〈기준점 다리 설치〉

〈베드 다리 설치〉

〈가로대 설치〉

〈고설 베드 설치 작업 모습〉

다. 모주의 정식과 런너 발생 촉진

모주는 전년 11월 상·중순경에 모주상에 정식해 놓거나 가식하여 월동시켰다가 2월에 개별 포트에 가식한 후 한 달 정도 가식한 모주를 키운 뒤 3월 중·하순경에 정식한다. 포트 육묘에서는 6월 말~7월 초에 자묘 유인이 끝나야 정식묘에 적합한 묘령이 확보되기 때문에 모주를 이른 봄에 심어 런너 증식에 힘쓰는 것이 중요하다.

활착 후 모주에 지벨렐린 10~20ppm을 1~2회 살포하고 발생하는 화방은 제거하며 액비 시용 및 관수를 충분히 하여 주면 런너 발생을 촉진시킬 수 있다.

라. 연결 포트 및 용토

일반적으로 직경 5cm의 딸기전용 연결포트가 사용되고 있다. 연결포트의 종류에는 15구, 24구, 28구, 32구 등 다양하나 건전한 묘를 생산하기에는 28구 이하의 연결 포트가 유리하고, 많은 자묘를 받기 위해서는 32구 연결 포트를 사용한다.

용토는 딸기 전용 상토나, 마사토, 팽연왕겨 등 여러 가지 재료를 사용하고 있으며 용토의 종류는 중요하지 않으므로 구하기 쉬운 재료, 비용, 노동력 등을 고려하여 사용하도록 한다.

마. 관수 방법

스프링클러나 분사 호스를 이용하여 자묘에 관수를 하는 두상관수 방법은 포트 내부로 관수가 고르게 되기 어렵고 위에서 물을 줌으로써 고온 다습 조건이 된다. 두상 관수 방법에서는 탄저병균이 감염된 포기에서 건전한 포기로 물방울과 함께 비산하여 병이 급속히 확산된다. 이러한 관수 문제를 해결하기 위해 자묘 연결 포트에 직접 물방울이 떨어지게 하는 지제부 점적 관수와 저면 관수 방법이 농가에 보급되어 사용 중에 있다.

지제부 관수

지제부 관수는 자묘를 받는 육묘 트레이를 지제부 관수형 육묘 트레이로 설치하고 관수 홈에 점적 호스를 설치하여 자묘의 뿌리에 직접 관수하는 방식이다. 지제부 관수로 할 경우 두상 관수보다 탄저병의 발병을 현저히 줄일 수 있고, 관수에 소요되는 물 소비량을 62%까지 절감시킬 수 있다.

육묘 트레이는 수평을 맞추어 설치하여야 각각의 포트에 물이 골고루 들어가고, 자묘의 생육도 균일해진다. 관수 홈에 상토가 약간 있을 경우 포트 당 관수량이 더욱 균일하므로 상토를 먼저 담고, 점적호스를 설치한다.

모주로부터 분리 또는 자묘 개별 분리 후에는 관수 횟수 또는 관수량을 늘리는 등 각별한 주의가 필요하다.

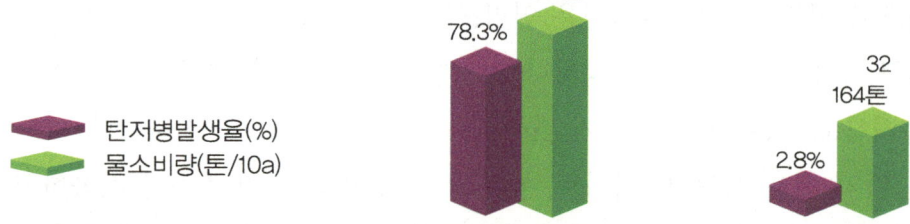

품종	구분	두상관수	지제부관수
매향	크라운직경(mm)	11.9	10.8
	우량묘율(%)	82.6	84.8
설향	크라운직경(mm)	9.8	9.8
	우량묘율(%)	72.2	91.9

〈딸기 육묘시 지제부 관수에 의한 탄저병 경감과 지하수 절감 효과('09, 경남농업기술원)〉

〈지제부 관수〉

육묘 세부 기술

🟢 저면 관수

저면 관수 시설은 자묘용 육묘 트레이가 설치되는 곳에 스티로폼 베드를 수조형으로 설치하여 일정 시간동안 물을 채운 뒤 연결 포트의 홈을 통해 상토에 물이 흡수되도록 하는 방식이다. 스티로폼 베드에 방수 비닐을 깔고 베드 앞부분에 급수구를 설치하고 뒷부분에 배수구를 설치한다. 육묘장은 대체로 길이가 길어서 물이 급수되어 베드에 채워지는 시간이 오래 걸리는 경우가 많아 뿌리가 갈변되어 노화될 수 있으므로 급, 배수구를 중간에 몇 개씩 설치하여 물이 채워지는 시간을 단축시키는 것이 좋다.

자묘에 관수를 개시하는 시점은 6월 하순부터 7월 상순 경부터 시작한다. 상토의 종류에 따라 수분 상태가 다르므로 이를 고려하여 상토가 마르지 않도록 3~7일 간격으로 관수하며 베드의 수위가 3~5cm까지 채워질 때까지 한다. 일정 시간 관수 후에는 일시에 배수해야 하며 30분 관수하는 것이 원칙이다. 베드에 물이 채워져 있는 시간이 1시간 이상이 되면 뿌리가 호흡이 불량하여 갈변되므로 주의해야 한다.

탄저병은 저면 관수<점적 관수<두상 관수 순으로 저면 관수 시설에서 현저히 발병율이 낮았다.

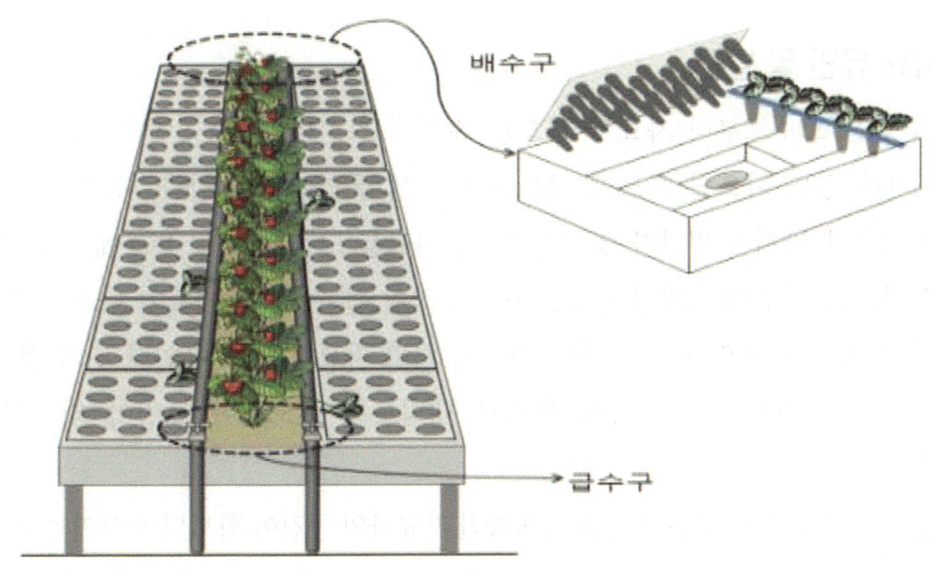

〈저면 관수 장치 모식도 ('11, 원예특작과학원)〉

〈육묘장치 전경〉　　〈관수 부분〉

〈저면 관수 시설〉　　〈저면관수로 육묘한 모습〉

바. 자묘 유인 및 발근

　자묘 유인은 모주로부터 자묘가 나오는 순서대로 런너 핀을 꽂아 고정을 시키거나 자묘가 3마디 정도 나오면 포트에 자묘를 일시에 유인하기도 한다. 고정하지 않으면 바람이나 병충해 방제시 런너가 엉키게 된다. 자묘를 고정할 때는 용토에 관수를 한 뒤 런너 핀을 꽂으면 자묘의 일차근이 발근하여 고정이 될 수 있다. 자묘가 나오는 순서대로 런너 핀을 꽂아 자묘 유인을 할 때마다 관수를 하고 자묘를 모두 유인한 뒤에 정식 70일 ~90일전부터 일시에 관수를 하여 뿌리가 내리도록 유도하여 묘령이 비슷해지도록 육묘한다.

　자묘를 모두 유인한 후 모주의 잎을 제거하면 자묘와의 공간이 확보되어 환기와 통풍이 잘 되고 자묘가 도장하는 것을 방지하며 흰가루병 및 응애 등 병충해 발생도 경감시킬 수 있다.

　포트에 관수를 시작하는 시점 이후에 나오는 자묘는 촉성용 정식묘로 사용하기에는 너무 어린 묘 이므로 과감히 잘라 버린다.

육묘 세부 기술

〈자묘 유인〉

〈모주 잎 제거로 통기성 확보〉

딸기 '설향' 촉성 재배용 포트 육묘 시, 육묘기 전반에 걸쳐 곁런너와 속런너를 수시로 제거할 경우 자묘의 생체중, 관부직경, 근중, 1차근수 등 묘소질을 개선할 수 있다. 특히, 곁·속런너를 방임하여 육묘할 경우에 1~5차 자묘의 묘소질도 함께 저하되므로 조기에 제거하는 것이 우량묘 생산에 바람직하다. 반면, 곁런너 및 속런너를 방임하여 육묘할 경우에 발생하는 자묘수는 곁런너 및 속런너를 모두 제거하여 육묘한 것과 비교하여 91% 증가되었으므로 묘소질을 고려하지 않고 자묘 증식을 원할 경우에는 방임하여 육묘하는 것도 고려할만 하다.

사. 포트 육묘시 자묘의 유인 방법

포트 육묘시 발생하는 자묘를 연결 포트의 중앙에 유인하는 것보다는 가장자리(측면)에 붙여서 발근시켰을 경우에 1차 근수, 생체중, 관부 직경, 근장 및 근중 등이 증가하여 자묘의 지하부 생육이 양호해지고 우량묘의 생산 비율을 높일 수 있다.

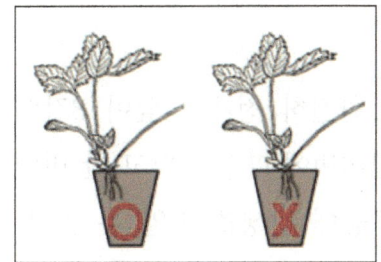

〈포트 가장자리(측면)〉

〈포트 중앙〉

〈비가림 포트 육묘시 딸기 자묘의 바람직한 유인 위치('12, 원예특작과학원)〉

〈포트 가장자리에 자묘 유인〉   〈탁엽 제거로 1차근 발생 유도〉

 딸기 '설향' 육묘시 단위 면적당 자묘수 증가를 목적으로 포트 당 자묘를 2주 유인할 경우 1차 근수, 생체중, 근중, 관부직경, 엽면적 등 자묘의 묘소질이 크게 저하되고 화아분화가 지연됨에 따라 출뢰기 및 개화, 수확기가 늦어진다. 이는 정식 후 수량의 감소로 이어지며 특히 딸기 가격이 높게 형성되는 동계 기간의 조기 수량 감소가 크므로 육묘 농가에서는 딸기 생산성 향상을 위하여 포트 당 자묘를 2주 유인하는 것을 지양해야 한다.

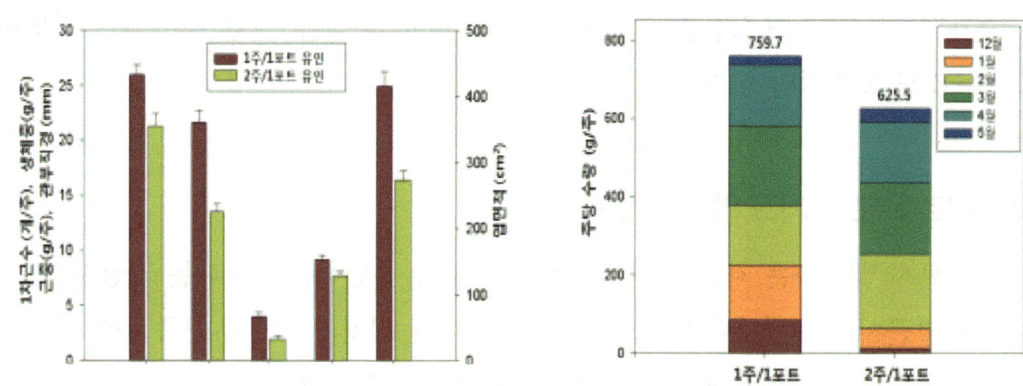

〈자묘 유인 방법에 따른 묘소질 및 정식 후 월별 수량('13, 원예특작과학원)〉

아. 육묘 기간 중 하엽 제거 (적엽 작업)

 육묘 기간 중의 엽수는 자묘 받기가 완료된 후 항상 완전히 전개된 잎이 3장이 유지되도록 주기적으로 하엽을 제거한다. 그러나 하엽은 한꺼번에 따주지 말고 한 번에 1장 꼴로 해주면 1차근 발생을 조장시키고 흰가루병이나 응애 발생을 줄일 수 있다. 또한, 하엽을 제거할 경우 자묘의 웃자람을 효과적으로 억제하고 T/R(지상부/지하부) 율을 감소시켜 묘소질이 향상되며 체내 질소를 낮추어 정화방 출뢰가 무적엽구에 비하여

2~3일 정도 촉진되어 조기 수량을 증대시킬 수 있다. 이 시기의 출엽 속도는 약 7~10일에 1장 꼴이므로 하엽 제거도 그 속도에 맞추어 해주면 된다.

하엽 제거 후에는 상처를 통해 병원균이 침입하기 쉬우므로 작업 당일 예방적으로 탄저병 방제 약제를 반드시 살포해야 한다.

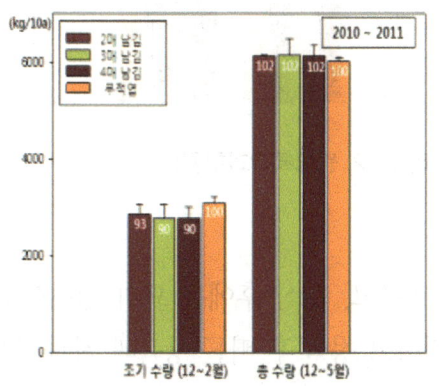 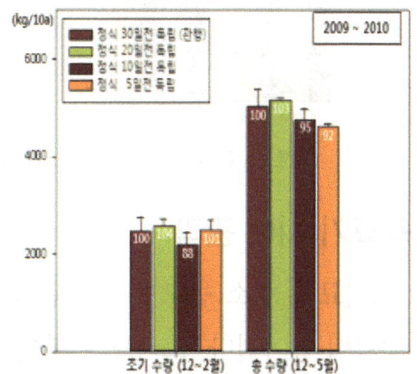

〈설향의 육묘기 적엽 강도에 따른 수량 비교('12, 원예특작과학원)〉

자. 런너의 절단 시기

모주에서 자묘를 분리하는 런너 절단 작업은 정식묘로 이용하기 위한 마지막 단계로 주요 작업 중의 하나이다. 대체로 런너의 절단 시기가 빨라 자묘의 독립 기간이 길수록 근중이 증가하고 화아분화가 촉진되어 묘소질이 개선되는 장점이 있다. 그러나 여름철 고온기에 런너를 절단하여 자묘가 일찍 독립할 경우 관수 횟수가 증가하여 포장의 다습 조건을 유발하고 절단 부위로 병원균이 침입하여 탄저병 발생이 증가할 수 있다.

최근 실험 결과 설향 촉성 재배시 런너 절단 시기에 따라 의미 있는 수량 차이가 없으므로 자묘의 독립 시기는 정식일(9월 상순)을 기준으로 5~10일전(8월 하순~9월 상순)으로 늦추어 실시하는 것도 탄저병의 발병을 예방할 수 있는 방편이 될 수 있다.

그러나 런너 절단 시기가 늦을수록 모주로부터 양분이 공급되어 자묘의 체내 질소 함량이 높아 정화방 출뢰가 2~3일 정도 지연되므로 초촉성 작형에서는 관행의 정식일 기준 30일 이전에 런너를 절단하는 것이 바람직하다.

런너 절단 작업 후에도 적엽 작업과 마찬가지로 작업 종료 후에 탄저병 방제 약제를 반드시 살포하여 절단 부위로 병원균이 침입하지 못하도록 예방하는 것이 중요하다.

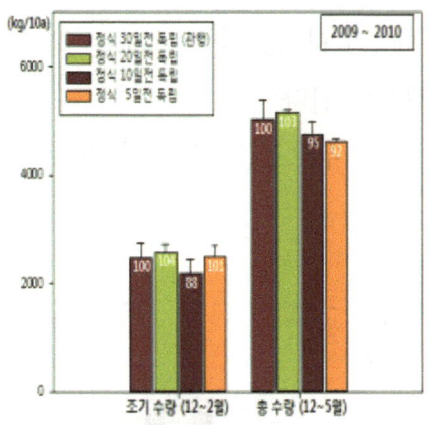 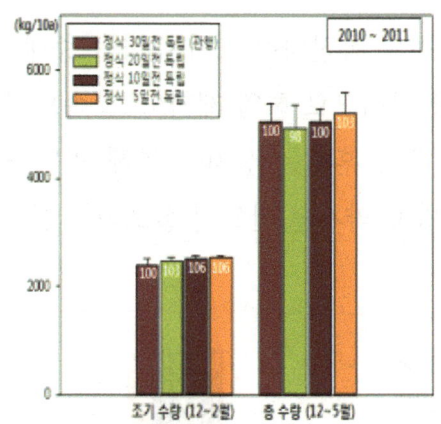

〈설향의 육묘기 독립(절단)시기에 따른 수량 비교('12, 원예특작과학원)〉

차. 육묘기 시비 관리

딸기 정식묘는 질소 농도가 낮으면 화아분화가 빠르고, 정식 후에는 묘가 건강할수록 1화방의 수량이 높아진다. 그러므로 화아분화도 촉진하고 정식 후 빠른 생육과 착과, 그리고 고품질의 과실을 얻을 수 있는 묘를 만들어야한다.

설향 품종은 육묘 중 시비량이 많은 조건에서는 1화방의 개화가 일시에 되지 않고, 개체 간 차이가 많아 수량 감소의 원인이 된다. 촉성재배 육묘 시 질소 시비 농도에 관한 실험 결과 설향 품종의 육묘 기간 질소 시비량은 묘소질, 수확 개시일, 조기 수량 등을 고려할 때 자묘당 50mg 이하가 적당하다. 육묘 기간 중 시비량이 많을수록 관부직경, 엽면적, 건물중 등은 양호해지나, 출뢰와 수확 개시가 현저히 지연되고 2월 이후가 되어야 수량이 회복된다.

고설 포트 육묘 방식에서는 3월 하순에 모주를 육묘 베드에 정식하고, 배양액은 EC 0.6~0.8로 관리하고, 자묘가 2/3정도 확보된 뒤에는 EC 0.6으로 낮추어 관리한다. EC가 과다하면 식물체가 과번무되고 탄저병 발생 가능성이 높아진다.

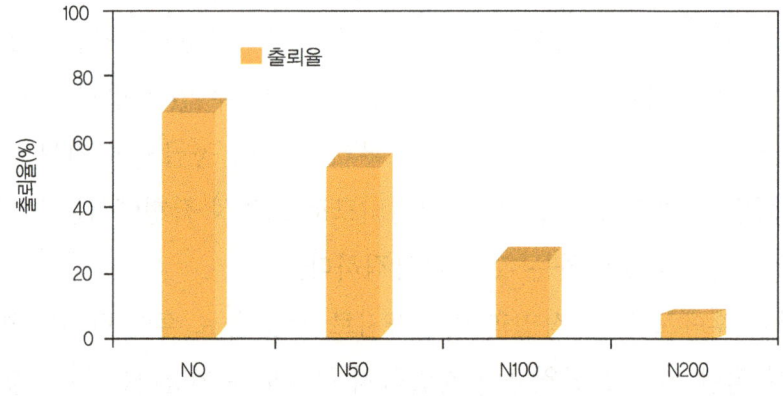

〈육묘 기간 질소 시비량에 따른 출뢰율 변화('13, 경남농업기술원)〉

육묘 세부 기술

촉성재배 농가에서 화아분화를 촉진시키기 위해 육묘 후기에 양분 공급을 중단하고 물만 공급하거나 급격한 수분 스트레스를 주어 묘의 소질이 불량해지고 정식 후에 순멎이 현상이 나타나는 문제점이 있다. 따라서 육묘 후기에 화아분화에 영향을 주지 않고, 정식 전 묘소질과 정식 후 조기 수량을 향상시킬 수 있는 양분 관리 기술이 필요하다.

최근 육묘 후기의 양분 관리에 관한 실험 결과 '설향' 딸기의 수경 재배 육묘에서는 7월 하순부터 30일간은 EC 0.6 dS·m^{-1}의 배양액을 공급하고 그 후 최소 20일 간은 배양액 공급은 중단하고 물만 공급하여 잎의 질소 농도를 낮추어 줌으로써 화아분화를 촉진할 수 있었다.

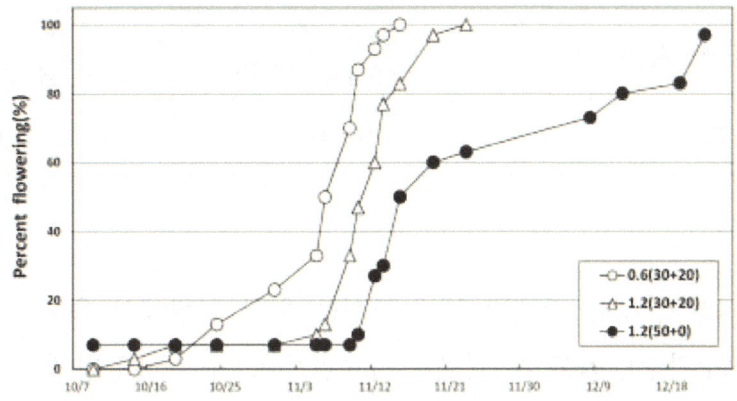

〈육묘기의 비료 농도가 '설향' 딸기의 개화율에 미치는 영향('12, 대구대)〉

육묘 후기인 8월에 자묘 시비에 관한 실험에서 딸기 '설향'의 육묘 후기인 8월에 질산칼륨과 인산칼륨을 1,000배액으로 혼합한 후, 자묘에 7일 간격으로 3회 두상 관주 했을 때 화아분화에 영향을 미치지 않고 조기 수량성이 증수되었다.

표. 육묘 후기 질산칼륨과 인산칼륨 혼용에 의한 조기 수량성 증수('14, 딸기연구소)

처 리	관부 굵기 (mm)	엽록소함량 (SPAD)	화아분화일 (월.일)	개화시기 (월/일)	수량성(kg/10a)	
					11~1월	11~4월
무처리	6.38 b^y	34.09 c	9. 8	10. 24	1,496 b^z	4,157 ab
인산칼륨	6.57 ab	33.06 c	9. 7	10. 25	1,639 ab	3,973 abc
질산칼륨	7.29 a	39.20 b	9. 11	10. 28	1,584 ab	3,874 bc
질산칼륨+인산칼륨	7.39 a	38.36 b	9. 7	10. 23	1,728 a	4,399 a
황산암모늄+인산칼륨	6.91 ab	41.08 a	9. 13	10. 28	1,489 b	3,664 c

'매향'딸기의 묘소질 향상을 위하여 육묘 후기 자묘 비료 공급에 관한 실험에서 8월에 질소 비료 함량을 낮추고 인산과 칼륨 비료 함량을 높여 8월 1일부터 10일 간격으로 3회 자묘에 공급하였을 때 8월에 시비를 중단한 관행구에 비해 묘소질이 향상되고 개화가 촉진되어 수량이 증가하였다.

표. '매향'딸기의 육묘 후기 자묘 시비 방법 ('16, 딸기연구소)

구 분	육묘 초기~중기	육묘 후기(자묘 3회 관주)
양액 조성 : N-P-K-Mg(me/L)	20-20-20-2 + 질산칼슘(10수염)	16-8-24-2 + 인산칼륨(5mM)
공급 EC	0.6~0.7	0.6

'설향'딸기의 육묘기 생육 단계별 양액 조성을 위한 실험에서 육묘 초기(3~6월), 육묘 중기(7월, 모주관주), 육묘 후기(8월, 자묘관주)로 구분하여 양액 조성을 다르게 관리한 결과 자묘 발생량이 증가했고, 묘소질이 향상되고 수량성이 증수되었다.

표. '설향'딸기 육묘기 생육 단계별 양액 조성 ('16, 딸기연구소)

구 분	비료 종류	3~6월	7월	8월 (자묘 3회 관주)
A액 (1톤)	질산칼슘(10수염)	25 kg	5 kg	5 kg
	질산칼륨	5 kg	15 kg	15 kg
	질산암모늄	12.5 kg	0 kg	0 kg
B액 (1톤)	질산칼륨	20 kg	0 kg	0 kg
	인산칼륨	12.5 kg	20 kg	20 kg
	황산마그네슘	12.5 kg	5 kg	5 kg
양액조성:N-P-K-Ca-Mg(me/L)		17-5-7-5-2	4-9-6-2-1	
공급 EC		0.8~1.2	0.6~0.8	1.2

딸기 수경방식 육묘에서 촉성작형에 적합한 육묘기 배양액 조성에 관한 연구결과에 의하면 자묘에 양분 공급을 하지 않을 경우, 양수분 공급을 모주에 의존하게 되므로 자묘는 1차 〉 2차 〉 3차 순으로 생육이 감소한다. 따라서 자묘 발생기부터 양분을 공급하여 생육이 균일하도록 하고, 모주의 부담을 덜어주어 자묘 발생을 촉진하여 빠른 시간 내에 자묘 확보를 완료할 수 있다. 자묘의 양분결핍 상태를 만들어 무리하게 화아분화를 촉진하지 않고 충실한 화방형성으로 제1화방의 수량을 많게 하는 것이 필요하다. 화아분화기에 질소농도의 민감도는 설향〉금실〉매향 순이며, EC가 높을 경우 화아분화가 지연될 수 있으므로 주의가 필요하다.

표. 육묘기(모주, 자묘) 배양액 무기이온 농도('19, 경남농업기술원)

무기이온농도(me L-1)					
NO_3-N	NH_4-N	PO_4-P	K	Ca	Mg
12	0.6	4.4	6	8	4

표. 육묘기(모주, 자묘) 배양액 조성('19, 경남농업기술원)

구분	비료염 종류		100배 농축액 비료량(1000L)
A액	질산칼륨 KNO_3		3.9 kg
	질산칼슘(4수염) $Ca(NO_3)_2 \cdot 4H_2O$		94.4 kg
	질산암모늄 NH_4NO_3		4.8 kg
	킬레이트철EDTA-Fe(EDTAFeNa·$3H_2O$)		2.3 kg
B액	질산칼륨 KNO_3		21.8 kg
	제일인산칼륨 KH_2PO_4		19.9 kg
	황산칼륨 K_2SO_4		17.3 kg
	황산마그네슘 $MgSO_4 \cdot 7H2O$		38.7 kg
	미량원소	붕산 H_3BO_3	294 g
		황산망간 $MnSO_4 \cdot 5H_2O$	200 g
		황산아연 $ZnSO_4 \cdot 7H_2O$	87 g
		황산구리 $CuSO_4 \cdot 5H_2O$	16 g
		몰리브덴산암모늄$(NH_4)_6Mo_7O_{24} \cdot 4H_2O$	10 g

표. 육묘기 단계별 EC 관리요령

구분	생육단계	시기	EC(dS · m^{-1})
모주	모주 정식	3월 하순	0.8~1.2
	모주 생육기	4월	1.0~1.5
	자묘 발생기	5월 상순	1.5
	자묘 발생 완료	7월 상순	1.0~0.6
자묘	자묘 발생기	5월 하순	1.0~1.5
	자묘 육묘기	7월 상순	1.0~1.2
	화아분화유도기	8월 중순	0.8~0.6

육묘기에 자묘에 직접적인 양분 공급이 늦어지면 모주의 양분이 자묘로 전달되지 못하고 1번 자묘의 양분이 다음 자묘로 전달되기 때문에 상위 자묘의 세력이 저하된다. '설향'품종의 포트 육묘시 자묘에 양분을 공급하는 시기에 관한 연구 결과에서 정식 70일 전부터 자묘에 양분공급을 시작했을 때 관행(정식 40일 전)에 비해 조기수량이 9.2% 증가하였다. 자묘에 직접적인 양분 공급 시기는 정식 70일 전부터 시작하여 정식 20일 전에 공급을 끝낸다.

표. 자묘 양분 공급을 위한 양액조성 및 공급방법('19, 딸기연구소)

양액조성 및 공급방법	자묘 관수개시기
• 5월~7월 : N-P-K-Mg(20-20-20-2)+질산칼슘 • 8월 : N-P-K-Mg(16-8-24-2)+인산칼륨 • 양액 농도 : EC 0.6dS · m^{-1} • 양액 공급 주기 : 1주일 간격 • 주당 공급량 : 20ml	정식 70~90일 전

표. 자묘 양분 공급 개시기에 따른 화아분화기, 출뢰기, 개화기 및 수량성('19, 딸기연구소)

양분 공급시기 (월.일)	화아분화기 (월.일)	출뢰기 (월.일)	개화기 (월.일)	첫수확일 (월.일)	조기수량 (g/주)
5.25(정식 110일 전)	9.12	11. 9	11.12	11.27	149.3 a^z
6. 5(정식 100일 전)	9.11	11. 2	11.12	11.23	167.4 a
6.20(정식 85일 전)	9.12	11. 3	11.14	11.27	164.3 a
7. 5(정식 70일 전)	9.11	11. 2	11.13	11.23	171.2 a
7.20(정식 55일 전)	9.11	11. 4	11.11	11.23	155.7 a
8. 5(관행, 정식 40일 전)	9.14	11. 6	11.14	11.23	155.5 a

조기수량 : 2017. 11월 ~ 2018. 1월
^{z}DMRT 5%

카. 자묘 도장 억제 기술

최근 딸기 육묘 방식은 촉성재배 육묘로 대부분 비가림 하우스 시설 내에서 이루어진다. 5월 중순 이후부터 육묘기에 시설 내의 온도가 상승하여 여름철 육묘 환경은 고온과 차광 및 소형 연결 포트 육묘에 의한 밀식 재배로 광량이 부족하여 자묘의 키가 웃자라는 현상이 심하게 발생한다. 또한 질소질 비료가 과다할 경우에도 웃자람 현상이 발생한다. 웃자람 현상이 나타나면 잎과 줄기가 연약해지고 관부가 가늘어지며 묘소질이 저하되어 정식 후 수량에도 영향을 미친다. 자묘의 도장을 억제하는 방법에는 7월 상순에 도장 방지를 위해 적엽을 실시하는데 모주의 적엽은 연결 포트에 자묘 유인이 끝난 후에 모주의 잎을 제거하고 자묘는 과번무한 1, 2번 자묘의 잎을 2~3매 남기고 제거한다. 시비 관리는 인산칼륨, 규산제, 칼슘제 비료를 10일 간격으로 2~3회 엽면 살포한다.

최근 육묘기 도장 억제제 처리 실험 결과 트리아졸계 농약인 메트코나졸 액상 수화제를 4,500배로 희석하여 7월 상순부터 15일 간격으로 2회 엽면 살포 하면 자묘의 웃자람을 방지하며 화아분화가 촉진되어 수확기를 앞당기며 조기 수량을 증대할 수 있다. 단, 주의할 점은 메트코나졸을 처리하면 자묘 발생이 억제되므로 정식에 필요한 자묘의 수량을 모두 확보한 후에 메트코나졸을 엽면 살포해야 하고 희석 배수를 강하게 하거나 8월 이후에 처리하면 약효가 자묘에 오랫동안 지속되어 본포에 정식 한 후에도 정상 생육을 회복할 수 없으니 주의해야 한다. 트리아졸계 살균제 중 테부코나졸은 딸기에 미등록 되어 있는 약제로 사용이 불가하며 왜화 효과가 2개월간 지속되므로 육묘기에 사용을 금해야 한다.

〈육묘기 시설 내에서 자묘의 도장〉

〈테부코나졸 처리에 의한 왜화 피해〉

3. 화아분화 촉진 기술

화아분화는 촉성재배에서 딸기의 정식 시기를 결정하는 중요한 요소이므로 육묘가 완료된 후에는 정식을 위한 화아분화가 유도되어야 조기 수확이 가능해진다. 이러한 화아분화 촉진은 작형에 따라 달라지는데 촉성재배는 화아가 일찍 형성될수록 수확기를 앞당기므로 육묘가 완료된 후에는 화아분화 촉진을 위한 노력을 하여야 한다. 그러나 반촉성 재배에서는 화아가 일찍 형성되면 저온 처리 기간 중에 꽃대가 출현하므로 오히려 좋지 않다.

가. 화아분화의 정의

화아분화라고 하는 것은 생장점이 꽃눈으로 변화하는 것이다. 계속해서 잎으로 분화하고 있던 생장점이 잎으로 분화하는 것을 중지하고, 꽃으로 분화하는 것을 화아분화되었다고 한다. 즉 딸기가 만들어지기 위해서는 우선 꽃눈이 만들어져야 하며 자연 조건하에서는 9월 20일경부터 꽃눈(화아)분화가 시작된다. 육안으로는 관찰할 수 없고 60배 이상의 현미경에 의해서만 관찰이 가능하다.

화아분화의 현미경 관찰시, 각각의 화방 가운데 1번 꽃밖에 보이지 않는다. 1번 꽃의 분화만으로도, 이 화방 전체가 분화했다고 한다. 이것은, 딸기에서는 1번 꽃이 분화하면 동일 화방내의 2번 꽃 이후의 꽃은 연속해서 분화하는 성질이 있기 때문이다. 적은 경우에는 몇 개, 많은 경우에는 수십 개 연속해서 분화한다. 꽃수의 많고 적음은 품종이나 포기의 영양 상태에 따라 다르다.

화아분화 촉진 처리란 자연에서 화아가 생기기 전인 7~8월경에 인위적으로 저온 단일 조건을 주어 화아분화를 유도하는 것을 말하며, 화아분화가 이루어지면 정식과 동시에 꽃대가 형성된다.

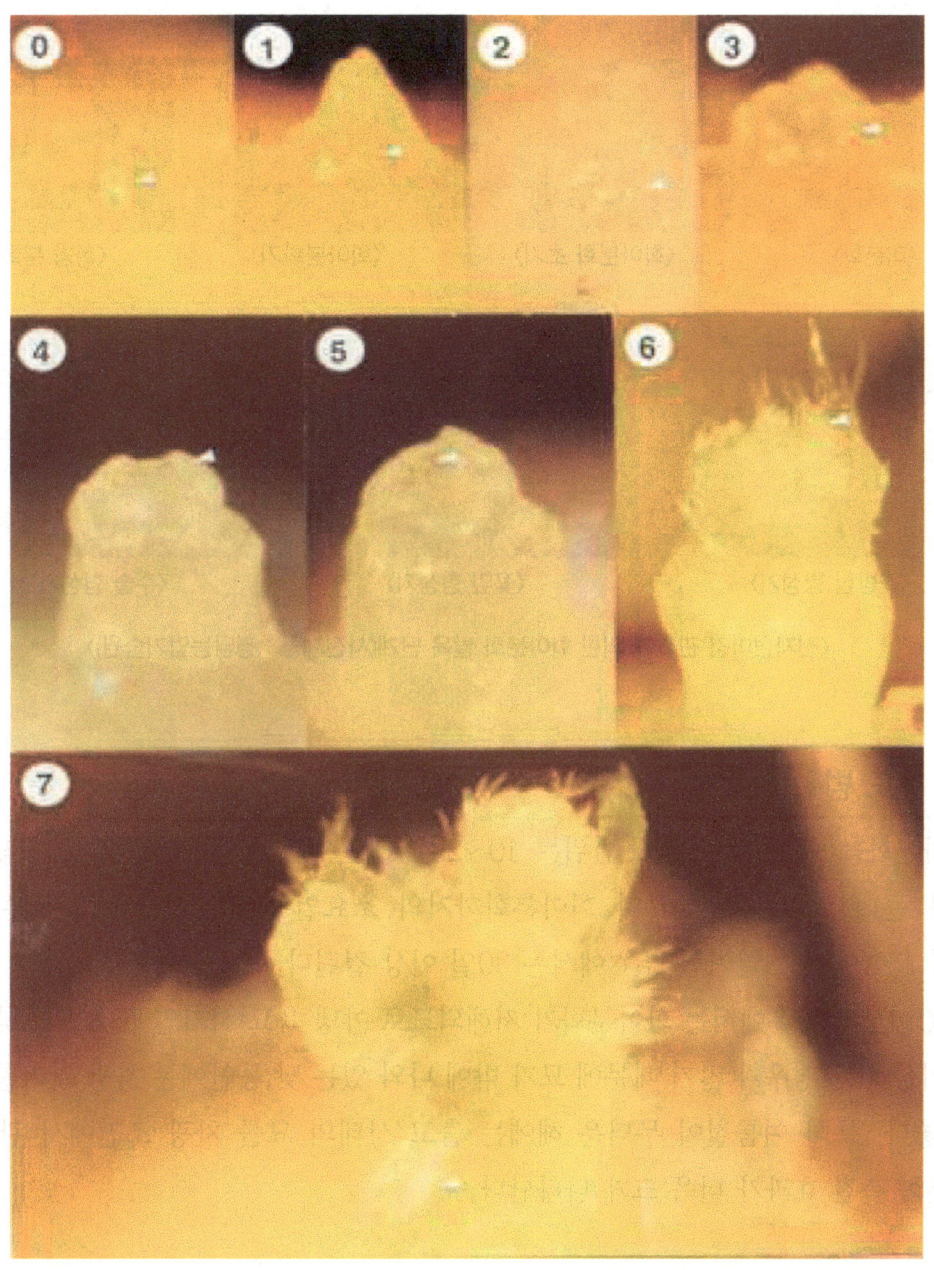

1 : 미분화, 2 : 분화 초기, 3 : 화아분화기, 4 : 꽃받침 형성기,
5 : 수술 형성기, 6 : 암술 형성기, 7 : 액화방 분화기
〈현미경 관찰(60배율)에 의한 화아분화 발육 단계 ('05, 딸기연구소)〉

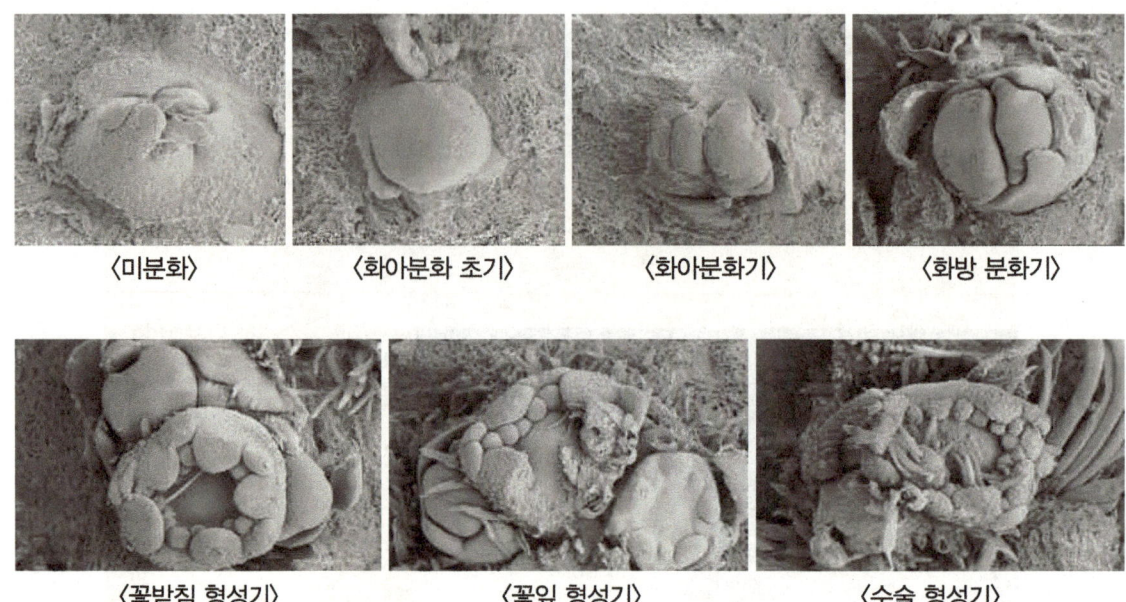

⟨전자현미경 관찰에 의한 화아분화 발육 단계(사진제공 : 경남농업기술원)⟩

나. 온도 범위

화아분화를 촉진하는 온도 범위는 10~25℃이다. 이 범위에서는 온도가 낮을수록 효과가 큰데 25℃가 15℃보다 화아분화까지의 소요일수가 길다. 즉 화아분화 소요일수가 15℃에서 15일이면 25℃에서는 30일 이상 걸린다.

30℃이상의 고온에서는 화아분화가 저해되므로 야냉 육묘 시기인 7~8월의 낮 온도가 30℃이상 되는 경우가 많기 때문에 묘가 밖에 나와 있는 낮 동안에는 차광 처리를 해주는 것이 좋다. 특히 여름철이 무더운 해에는 출고 상태의 묘를 차광 조건에서 관리할 때 화아분화 촉진 효과가 더욱 크게 나타난다.

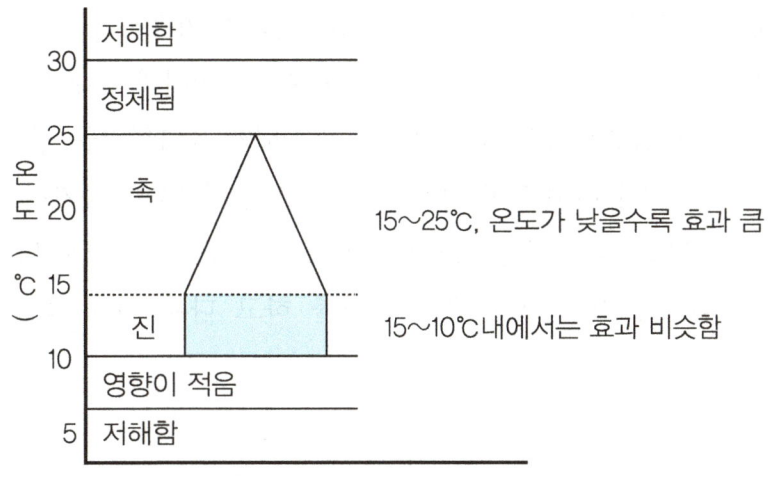

〈온도범위에 따른 화아분화 영향〉

① 화아분화를 촉진하는 온도 범위 : 10~25℃
② 화아분화에 효과가 없는 온도 범위 : 5~10℃, 25~30℃
③ 화아분화를 저해하는 온도 범위 : 5℃ 이하, 30℃ 이상

다. 시비조절

육묘 중 질소 시용을 억제하면 화아분화가 빨라지는 것은 체내 질소의 함량이 낮아지기 때문이다. 체내 질소 함량이 낮아지면 C/N율이 높아지고 화아분화는 탄수화물(C)량에 비해 질소(N)량이 상대적으로 적을 때 쉽게 이루어진다. 단, 주의해야 할 점은 체내 질소 함량만을 낮추어서는 화아분화를 유도하기가 어렵고 저온이나 단일조건 같은 작용력이 강한 요인들과 조합되어야 화아분화가 이루어진다.

체내 질소 함량의 저하는, 화아 형성에 있어서 결정적 요인이 아니라, 저온이나 단일에 대한 감수성을 높이는 효과가 있을 뿐이다. 그렇기 때문에 화아가 분화되기 어려운 여름철에는 저온 처리시 감수성을 높이기 위해서 체내 질소를 낮추고, 화아분화 하기 쉬운 9월경부터는 너무 낮출 필요가 없다.

오히려 자연 조건에서 화아분화기 때는 질소 함량이 너무 낮으면 화아가 약해져 정화방의 화수가 적어지고 수확량이 감소하는 사례가 많다.

화아분화기에 가까워지면 질소질의 시비를 줄이거나 중단하여 화아분화가 원활하게 이루어지도록 한다. 그러나 포트 육묘의 경우 초기부터 지나치게 시비량을 줄이면 오히려 묘의 영양 상태를 악화시키게 되므로 적정한 비배 관리가 필요하다.

고온기 육묘기에 화아분화 촉진 유도를 위해 수용성인산과 수용성칼륨을 2회(7월 하순, 8월 중순) 엽면살포하고 별도로 붕산(1,000배액)을 1회(8월 상순) 엽면살포한 결과 관부직경이 무처리에 비해 크고 정식 후 출뢰율 및 개화율이 증가하였다. 엽면살포 시기는 해질 무렵 온도가 내려가는 시기에 하며 고온기 30℃ 이상시 딸기묘의 초세가 약할 때는 1,500배액을 사용한다. 단일 살포를 하고 다른 자재 및 농약과 혼용이 금지된다.

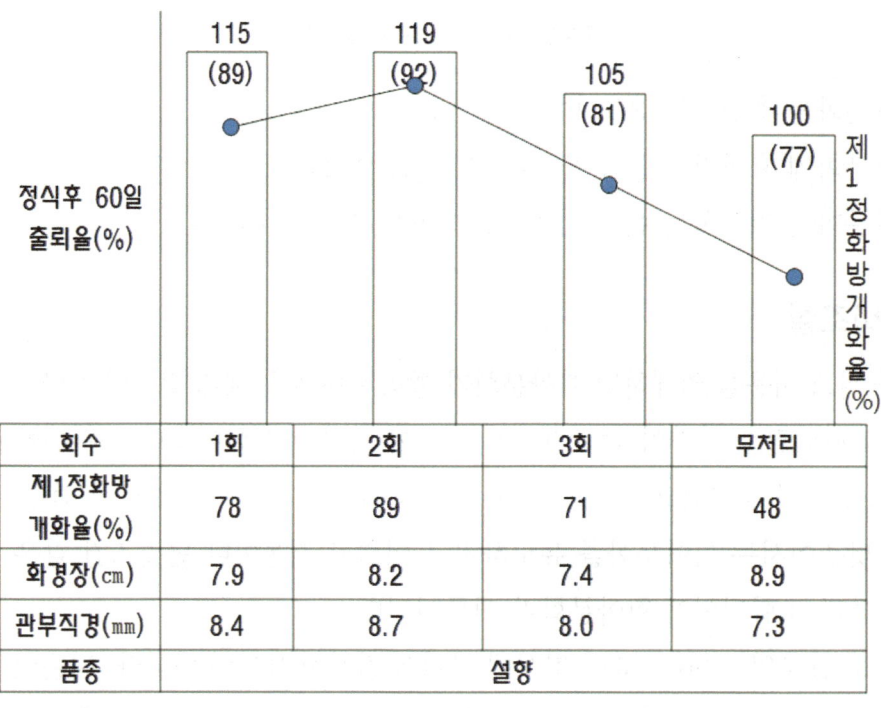

〈엽면살포 회수에 따른 딸기 정식 후 출뢰율과 개화율 비교('11,전남농업기술원)〉

라. 화아분화 촉진에 관여하는 요인들

질소는 화아분화에는 억제적으로 작용하지만 화아발육에는 촉진적으로 작용한다. 촉성재배에서는 수확기를 앞당기기 위해 화아분화 촉진 처리를 행하고 있는데, 고랭지 육묘, 야냉 육묘, 암흑 저온처리, 차광 처리, 단근처리, 질소 중단처리 등이 방법이 이용되고 있다.

화아분화(꽃눈분화)는 정아의 잎눈이 꽃눈으로 변하는 것을 말하고 형태적 분화기의 7~8일 전에 생리적 분화기가 있다. 화아분화의 유도가 시작되는 것은 6~16일 이전이다. 화아분화의 빠르고 늦음과 화아 발달의 늦고 빠름에 의해서 개화기가 결정된다.

● 온도와 일장

화아분화를 일으키는 유효 온도 영역은 평균 기온으로 약 10~25℃이다. 일장 영향이 없는 범위는 25℃이상과 10℃이하이다. 25℃이상에서는 일장이 짧아도 꽃눈은 분화하지 않고, 10℃이하에서는 일장에 관계없이 꽃눈이 분화한다. 그러나 암흑 10℃처리의 단기 저온 저장으로는 화아분화하지 않는 포기가 발생하며, 온도만에 의한 저온 암흑처리는 화아분화 촉진 효과가 불안정하다.

저온과 단일이 함께 작용할수록 안정적인 화아분화가 이루어진다.

딸기가 낮에 감응하는 조도는 100룩스 정도로 9월경에는 일출 직전, 일몰 직후 30분 정도가 이 조도에 해당되므로 딸기는 낮으로 감응한다. 즉 일장 시간은 일출부터 일몰까지의 시간에 약 1시간 더하여 계산한다.

● 묘령

묘령은 보통 묘의 나이로 농가에서는 노화묘, 어린묘로 나누어 부르며 자묘를 유인한 후 물주기 시점부터 묘령을 계산한다. 정식 후 화아분화가 균일하지 못한 이유는 정식묘 중에 일정의 묘령에 달하지 않고 아직 화아분화 능력을 지니지 않은 묘가 많기 때문이다. 즉, 자연의 저온 단일처리에 감응해서 이미 화아분화하고 있는 묘, 감응하는 중에 있는 묘, 아직 감응되지 못한 묘들이 같이 섞여있기 때문에 결과적으로 화아분화가 균일하지 못한 것이다.

화아분화 처리를 빨리하거나 저온 처리시, 체내 질소 수준이 높고 엽수가 많으면 이러한 현상은 더욱 심해진다

● 엽수

지금까지는 화아분화 촉진을 위한 저온 처리 개시기에 되도록이면 엽수를 많이 확보해 두는 것을 권장하고 있었으나 엽수가 필요 이상으로 많이 확보되었다 해도 수량에는 차이가 없으며 오히려 엽수가 많으면 육묘장에서 흰가루병 등에 이병 될 가능성이 높아진다.

또한 엽수의 화아분화에 대한 효과는 엽수가 적을수록 촉진되므로 저온 처리 직전까지 5~6매 확보한 엽을 저온처리 개시 시에는 2~3매로 적엽할 것을 권장하고 있다. 중요한 것은 처리 당시의 상태가 육묘 개시일 부터 70일 정도는 경과하여야 관부 직경이 10mm 이상의 묘를 확보할 수 있다는 것이다.

● 자묘의 영양 상태

화아분화는 탄수화물과 질소의 비율(C/N율)에 의해 결정되므로 C/N율이 높으면 화아분화가 촉진된다. 그러므로 질소 농도를 낮추면 C/N율이 높아져 화아분화가 유도된다. 토경 육묘에서의 단근 처리는 딸기 체내의 질소 농도를 저하시킨다. 그러나 질소 농도의 저하는 화아분화를 위한 저온 단일의 감수성을 높이지만 저온 단일 조건이 아니면 질소 중단만으로는 화아분화를 촉진시키지 못한다. 또한 화아분화 개시 후의 화아의 발육에는 질소가 필요하다. 즉 잎을 따주면 화아분화에는 촉진적으로 작용하지만 화아의 발육에는 마이너스 요인이 된다.

한편 거꾸로 질소가 높고 탄수화물이 적으면 화아의 이상 분화를 초래하거나 화아분화가 정지되고, 액아가 많이 발생하는 증상을 초래할 수도 있다.

마. 화아분화 촉진 방법

● 묘령의 확보

화아분화의 기본 조건은 묘령과 초세의 확보이다. 묘령이 어리거나 고르지 못하면 다른 처리의 효과도 불확실해지므로 정식일을 기준으로 묘령이 60일 이상 되도록 육묘한다.

촉성 재배에서는 전개 잎 수가 2~5매 정도의 묘를 채묘하는 것이 좋다. 빨리 채묘하면 정식시의 묘령은 많아지며 노화묘가 되고 늦게 채묘하면 어려진다.

● 포트 육묘

뿌리의 발달을 제한하고 계획적인 관수 및 시비로 화아분화를 조절하는 기술로 개별 포트나 연결 포트(24구, 28구, 32구 등)에 육묘한다. 포트가 클수록 유리하지만 상토량이 많이 들어가고 작업이 불편한 면이 있다. 포트 육묘시 노지 육묘와 비교하여 약 7~10일 정도 화아분화를 촉진시킬 수 있으며 초촉성 및 촉성재배 시 권장되는 육묘 방식이다.

● 적엽

육묘 기간 중 엽수가 필요 이상으로 많이 확보되었다 해도 수량에는 차이가 없으며 오히려 엽수가 많으면 육묘장부터 흰가루병 등에 이병 될 가능성이 높아진다. 육묘 기간 중 적엽은 자묘의 체내 질소를 효과적으로 낮추어 화아분화를 효과적으로 유도할 수 있다. 보통 육묘 기간 중 엽수는 자묘 받기가 완료된 후 항상 3장이 유지되도록 하엽을 제거할 경우 무적엽구에 비하여 정화방의 출뢰가 3~4일 정도 촉진된다.

체내 질소는 적을수록 화아분화에 대한 감수성이 좋으나, 저온 처리 시에 일정한 엽수 확보와 충실한 묘의 육성을 위해서는 뿌리의 활력을 육묘기 후반까지 지속시켜야 하므로 배수성이 좋은 상토를 선택하고, 질소 함량을 너무 일찍부터 떨어뜨려 묘소질을 약화시키는 것은 좋지 않다

● 시비 조절

화아분화기에 가까워지면 질소질의 시비를 줄이거나 중단하여 화아분화가 원활하게 이루어지도록 한다. 그러나 포트 육묘의 경우 초기부터 지나치게 시비량을 줄이면 오히려 묘의 영양 상태를 악화시키게 되므로 적정한 비배 관리가 필요하다.

차광

지온을 낮추어 화아분화를 촉진하는 기술로 고온기인 8월 중순~ 9월 상순 사이에 약 20일간 50% 정도의 차광망을 설치한다. 차광율이 높을 경우 묘가 웃자라고 흰가루병 등의 발생이 많아지므로 지나치게 오래하지 않는 것이 좋다.

단근(뿌리끊기)

육묘 후기에 옮겨 심거나 적당한 깊이 아래의 뿌리를 끊어주어 양분을 차단하는 방법인데, 최근에는 대부분 포트 육묘를 이용하고 있으며, 단근을 하는 경우는 거의 없다.

고랭지 육묘

자연적인 저온 조건을 이용하는 기술로서 고랭지에서 직접 육묘하거나 평지에서 육묘한 것을 8월 상순경에 고랭지에 올려 꽃눈을 분화시키는 기술이다. 해발 700m 이상의 고랭지가 효과적이며 단일, 차광, 포트육묘 등과 병행하면 더욱 유리하다. 고랭지에서는 모주의 생육이 늦고, 런너의 발생이 늦어지는 단점이 있으므로 비가림 시설을 이용하거나 가을에 모주를 심는 것도 좋다.

냉수(지하수) 처리

지하수의 냉온(15~16℃)을 이용하여 육묘상 혹은 가식상의 온도를 떨어뜨리는 방법이며, 이중 비닐 위에 지하수를 살수하여 시설 내부 온도를 낮추는데 과습하지 않도록 주의한다. 비용이 저렴하고 대량의 묘를 간편하게 처리할 수 있으며, 암막(단일)과 같이 사용하면 더욱 효과적이다.

장점은 야냉 육묘보다 화아분화까지의 소요 일수가 다소 늦어지기는 하지만 저렴한 비용으로 화아분화를 촉진시킬 수 있어 실용성 있는 방법으로 생각된다.

처리는 7월 25일부터 8월 1일 사이에 하며 처리 방법은 내부 온도가 올라가는 것을 막기 위해 육묘상에 소형 터널을 설치하고 지하수를 이용 수막과 육묘상 내 파이프에 물(16~17℃)을 순환시키면서 단일 처리(17시~다음날 아침 9시)를 병행한다. 이 방법을 이용하여 야간 터널 내부온도를 17~20℃로 유지시키면 약 25일 만에 화아분화를 시킬 수 있다. 그러나 내부온도가 20℃이상 올라가면 화아분화가 지연되어 처리 기간을 늘려야 한다.

필요한 시설 자재는 수막 시설이 필수적으로 갖추어져 있어야 하며 단일 처리 할 수 있는 필름과, 활대 등을 준비해야 한다. 단일 처리용 필름은 외부의 열을 반사할 수 있으며 두꺼울수록 굴곡이 지지 않고 물이 골고루 흘어질 수 있다. 대략 0.1㎜ 두께의 필름이면 적당하다.

바닥에 근권부의 온도를 낮추기 위해 엑셀 파이프를 준비해야 한다. 대략 50㎝ 간격으로 매설하면 적당하다. 이때 주의할 점은 터널의 내부 공간이 너무 크면 내부의 온도를 빠르게 저하시키지 못하므로 공간 면적을 좁히는 것이 좋다.

단기 냉장(암흑 냉장)

초촉성 재배를 위해 충실하게 육묘한 묘를 정식일을 기준으로 약 2주간(8월 중순~9월상순 사이) 13℃ 내외의 저온 창고에 입고하여 암흑 상태에서 묘를 냉장하여 화아분화를 유도하는 방법이다.

이 방법은 포트 육묘 재배로 하여 조기에 육묘하여 대묘를 육성한 후 질소 중단을 시작, 체내 질소 농도를 감소시켜 냉장 처리를 하여야 화아분화율을 높일 수 있다. 냉장 온도에 대해서는 품종에 따라 약간 차이가 있지만 5~15℃ 범위가 적당하다. 온도가 5℃ 이하로 내려가면 딸기묘가 휴면에 들어가기 때문에 주의해야 한다. 처리 기간은 7~15일간 처리한다. 이 때에 가장 중요한 것은 묘를 대묘로 육성하여야만 화아분화율이 높으며 체력 소모에 따른 수량 감소가 적어진다는 것이다.

야냉 단일 육묘

야냉 단일 육묘는 8월 상순 경부터 낮에는 노지 상태에서 자연광을 직접 받게 하여 육묘하고 밤(오후 5시~오전 9시)에는 냉장 시설(13℃ 내외)에 넣어 인위적인 저온 단일 조건에서 화아분화를 유도하는 방법이다. 묘의 영양 소모가 적고 계획적으로 화아분화가 가능하며 대개 처리 후 약 20일 정도면 1화방의 분화가 가능하다. 단점은 시설비가 많이 들고 처리 기간 중 노동력이 많이 들며, 시설 내가 건조하여 응애나 흰가루병의 발생이 많아지는 것이다.

관수는 오전 중에 실시하고 흰가루병, 진딧물, 응애 방제약을 1~2회 살포한다.

〈야냉 육묘 시설을 이용한 야냉 처리 광경〉

꽃눈(화아) 분화 촉진기술

- 강(초촉성에 주로 이용) : 야냉 육묘, 냉수 처리
- 중 : 고랭지 육묘(해발700m 이상)
- 약 : 포트 육묘, 질소 중단, 차광, 단근, 단일 처리.

바. 화아분화 촉진 처리 후 관리

야냉 육묘나 지하수를 이용한 냉수경 육묘에서 25일 정도면 화아분화가 완료된다. 저온이 화아분화를 촉진하는 주요 요인이기 때문이다. 그러나 그 이상 계속해서 저온 처리하면 화아의 발육이 늦어진다. 저온이 화아의 발육을 억제시키기 때문이다.

현미경 관찰에 의해 화아분화가 완료된 후에는 즉시 포장에 정식해서 화아의 발육을 촉진시킨다. 화아분화가 확인된 후 빨리 정식할수록 화아발육이 촉진되어 수확기는 빨라지게 된다.

● 화아발육과 일장 및 온도

저온 단일에 의해서 화아분화가 유기되어 화아의 분화가 시작되면 그 후의 분화 진행과 발달은 장일과 고온에 의해서 촉진된다. 1화방만을 고려하면 화아분화 후 바로 장일 고온 조건에 옮기면 좋으나 착과수나 2화방의 형성을 생각한다면 정식 시기를 다소 늦추는 것이 좋다. 장일과 고온은 꽃눈의 발달을 촉진하지만 고온의 영향이 더 강하게 나타난다.

화아 발달과 포기 영양 상태

화아분화 직후에 질소를 시용하면 개화가 빨라지고 시용 시기가 늦어질수록 개화가 늦어진다. 그러나 화아분화가 진전된 포기는 질소 시용 후 꽃눈이 발달하여 빨리 개화하지만 화아분화가 진전되지 않은 포기는 오히려 개화가 많이 늦어진다.

묘의 체내 질소 수준을 높이면 정화방의 개화수가 많아지고, 화방분화, 발달이 촉진된다. 그러나 이 시기에 딸기의 체내 질소 수준이 높아도 광합성 산물이 부족하면 기형과나 선청과(과실 선단이 푸른 과실)가 발생한다.

광합성 산물의 부족은 엽수가 확보되지 않았거나 기후 불순으로 흐리고 비 오는 날이 많은 경우에 생긴다. 정식 후 9월 중순~10월 상순은 태풍이나 가을 장마 시기와 겹쳐 흐리고 비 오는 날이 계속되는 수가 있다. 이러한 경우에는 질소의 시용 시기를 늦추거나 사용량을 줄인다.

화아발육과 적엽

화아의 발육에 적엽은 나쁜 영향을 미치므로 정식 후에는 결코 적엽을 해서는 안 된다. 또한 액아 발생은 꽃눈 발달을 저해하므로 빨리 제거한다.

화아발육과 적화

1화방의 적화는 2화방의 발육을 촉진한다. 화방 내에서도 비 상품과를 적과하면 나머지가 충실하여 대과를 생산할 수 있다. 적화를 하지 않으면 벌에 의해 빈약한 꽃까지 수정이 이루어져 상품 가치가 없는 소과를 만들어 내므로 양분 손실이 크다.

정식 후 생육이 좋고 1화방에서 충실한 화방이 출현하면 적화하기를 꺼리는 경향이 있으나 보통 7화 정도를 남기고 적화하며 그 이상 남기면 다음 2화방 출뢰가 늦어지며 빈약하게 된다. 품종에 따른 적화 수는 약간 다르지만 '설향'은 7화 정도로 적화하는 것이 좋다. 그러나 생육을 균일하게 유지시키기 위한 기술로서 생육이 왕성한 포기는 화수를 늘리고, 생육이 빈약한 포기는 화수를 줄이는 것도 중요하다. '설향'의 1화방은 5~7화를 유지하나 매향은 4~5화가 적당하다. 그리고 2화방, 3화방을 수확할수록 생육 정도에 따라 3~5화를 남기는 범위 내에서 적화를 실시한다.

사. 화아분화 검사

딸기 촉성 재배에서 화아분화가 이루어진 후에 본포에 정식하기 위해서는 화아분화 검사가 필요하다. '설향' 품종의 경우 자연 상태에서 화아분화는 9월 20일경에 이루어지지만 포트육묘에서는 일반적으로 9월 5일~15일 사이에 분화된다.

화아분화는 육안 판별은 불가능하고 해부현미경 60배율에서 관찰한다. 딸기묘의 지상부 잎과 뿌리를 절단하고 관부 주위를 현미경의 중앙에 놓고 핀셋으로 고정시킨다. 관부 주위의 엽병을 핀셋이나 메스로 한 개씩 제거하는데 분화 초기에는 미 전개된 잎이 5~6매 존재한다. 생장점 주변이 잘 돌출되어 보이도록 정리한 후에 현미경으로 배율을 조정하여 관찰한다.

화아분화는 생장점이 비대하여 1/2로 분할되었을 때(2단계)를 화아분화 초기로 판단한다.

4. 육묘에 있어서 묘소질

가. 묘의 나이(묘령)와 묘의 크기

묘의 나이와 묘의 크기는 정식 후에 착과 수에 영향을 미치게 된다. 일반적으로, 자묘의 발생시기가 빠르고 육묘 기간이 길어질수록 묘는 커지고 착과수도 증가하게 된다. 관부의 굵기는 생장점의 크기라고 생각하여도 좋다. 큰 묘일수록 생장점이 크고, 화방 발생수가 많으며 양분 축적이 많아져 개화수가 증가하는 경향이 있다. 묘의 크기는 묘의 무게와 관부의 굵기 등으로 나타낼 수 있다. 묘의 무게는 총 중량 뿐 아니라 지상부와 지하부의 비율도 묘소질로서 중요한 요소이다.

실제 재배에 있어서 대묘를 정식할 경우 1화방의 착과 과다에 의해 후기 생육이 떨어져 소과 비율이 높아지기 쉬우므로 1화방의 적절한 적화 또는 적과를 통해 착과 부담을 덜어줘야 장기 다수확이 가능하다.

농가에 따라서는 일부러 작은 묘를 선택하여 사용하는 경우도 있는데, 1화방의 착과수가 적은 경우에는 후기의 생육 저하가 심하지 않고, 액화방의 발생이 순조롭게 되어 품질이 양호한 과실을 연속적으로 수확할 수 있기 때문이다.

묘령은 묘의 나이를 말하는데 유인핀을 꽂는 시점이 아니라 물주기 시작하는 시점부터 정식일까지를 말한다. 묘령을 계산하여 정식일로부터 역산하여 70~90일 전부터 일시에 관수를 하여 뿌리가 내리도록 유도하여 묘령이 비슷해지도록 육묘한다.

'설향' 품종의 포트 육묘시 자묘의 관수 개시기 설정 실험에서 정식 70~90일 전에 관수를 시작하여 70~90일묘를 만드는 것이 60일묘에 비해 조기수량이 9%증가되었다.

표. 자묘 관수 개시기별 수량성('19, 딸기연구소)

처리	주당수량(g/주)	조기수량(g/주)	상품수량(g/주)	상품과율(%)
정식 전 110일	317.8 a[z]	107.5 ab	292.6 a	92.1 a
정식 전 100일	320.9 a	113.0 ab	297.0 a	92.6 a
정식 전 90일	**341.4 a**	**123.4 a**	**313.1 a**	**91.7 a**
정식 전 80일	334.3 a	113.0 ab	313.1 a	93.6 a
정식 전 70일	334.1 a	112.1 ab	312.6 a	93.6 a
정식 전 60일	316.3 a	106.6 ab	288.5 a	91.2 a

[z]DMRT 5%

나. 지상부와 지하부 무게 비율 (T/R율)

묘의 크기를 무게로 비교할 때에 전체 무게가 같더라도 지상부/지하부 무게 비율(T/R율)이 다른 경우가 있다. 육묘 조건에 따라 T/R율의 차이가 현저하게 나타나는데 물주는 횟수가 많고, 통기가 왕성한 포트묘는 근군 발달이 왕성하기 때문에 관행의 노지 육묘에 비하여 T/R율이 낮아진다. 지상부 무게에 비하여 지하부 무게가 높다는 것은 뿌리 발달이 우수하다는 것으로 수량과 결부하여 묘의 생산력을 결정하는 주요인이 된다.

다. 1차근과 세근의 비율

근계의 차이가 묘소질에 어떠한 영향을 미치는지 파악하려면 우선 1차근과 세근의 기능이 무엇인지 알아본 후 어떤 조건하에서 근계의 차이가 생기는지를 이해하는 것이 중요하다. 세근은 자체에서 발생하는 근모에 의해서 양수분 흡수를 담당하고, 1차근은 양분 저장 기관으로서의 역할을 하는 것으로 알려지고 있다.

또한 딸기의 1차근은 관부를 지중으로 끌어 잡아당기는 견인 작용을 한다. 저장 양분이 많은 1차근은 땅속으로 뻗어 내린 다음에 뿌리가 수축 작용을 일으켜서 관부를 지중으로 견인하는 것이다. 1차근이 지속적으로 발생하게 되면 관부의 견인 작용이 순조로워 1

차근이 발생하는 관부가 지표면에 계속 접한 상태를 유지하게 된다.

그러나 1차근이 정상적으로 발생하지 못한 경우 관부의 견인 작용에 장해가 일어나게 되어 뿌리가 발생하는 관부와 지표면 사이에 일정한 틈이 생기게 된다. 그 후 결국 1차근의 발생이 거의 정지되어 버리면, 이에 대한 일종의 보상 현상으로 관부가 비대하거나 세근수가 증가하게 되는 것이다.

딸기의 관부는 식물학 상으로 보면 줄기에 해당하는 부위이다. 그 상부에 있는 생장점에서는 새로운 잎이 분화, 전개되고 하위의 노화엽이 고사 탈락하여 그 부위가 관부로 된다. 1차근은 엽병 기부에서 발생하므로 노화엽은 수시로 제거하여 발근 부위가 지면에 늘 접할 수 있도록 관리해야 1차근의 발생이 많아진다. 그리고 딸기의 뿌리는 건조에 매우 약하기 때문에 토양이 건조하게 되면 1차근의 발생이 현저히 감소하게 된다. 건조에 의하여 1차근의 발생이 저해되면 관부가 비대해져 1차근에 의한 견인 작용이 충분하지 못하여 새로운 1차근이 거의 발생하지 못하게 된다. 이렇게 1차근의 발생이 감소하면 노화묘가 되어 수량 및 생육이 떨어지게 되는데, 특히 1화방 수확 이후에 그 현상이 더욱 심하게 나타난다.

묘의 발생 시기가 빠르거나 관수 횟수가 적어 육묘상이 건조하게 되어도 노화묘가 되기 쉬우며 노엽 제거 작업을 정기적으로 하지 못하거나 엽병 기부까지 충분히 제거하지 못해 발근 부위가 지면과 멀어지는 등 적엽 작업이 적절하지 못하면 노화 묘가 되기 쉬우므로 주의하여야 한다.

라. 질소 수준과 C/N율

묘의 질소 수준은 화아분화의 조만을 크게 좌우하게 되며 이러한 화아분화 조만이 작형 성립과 수량 구성에 커다란 영향을 미치기 때문에 질소 수준의 높낮이가 묘소질을 결정하는 주요한 요인이 된다. 물론 딸기의 화아분화를 기본적으로 지배하는 것은 온도와 일장이지만, 동일한 온도 조건에서 묘의 질소 수준에 차이를 두게 되면 화아분화 개시가 상당히 달라진다. 이와 같이 화아분화 개시가 약 2주일 정도 차이가 나면 개화기는 40~50일 정도의 차이가 생기는 경우도 있어서 동일 포장에서 실시해야 하는 생육 단계에 적합한 여러 가지 작업이 지장을 받게 된다.

표. 식물체 내 NO$_3$질소 수준과 화아분화 ('78, 奈良農試)

제 3위 엽병즙액의 NO$_3$- N 농도	화아분화기
500ppm 이상	10월 7일
100ppm 이하	9월 24일

묘의 질소 수준이 화아분화 개시에 영향을 미치는 이유는 아직 정확하게 밝혀지지 않았지만, 온도·일장에 의한 화성 유도 작용에 대한 감수성에 관계가 있는 것으로 설명되고 있다. 저온 단일에 대한 감수성은 묘의 질소 수준이 낮을수록 민감해진다. 따라서 화성 유도력이 약한 환경 조건하에서 질소 수준이 화성 유도에 가장 민감하게 반응하게 된다. 작형과 화아분화 개시기의 관계를 질소 수준에서 보면, 촉성재배의 경우 개화를 촉진하기 위해 묘의 질소 수준을 낮게 유지하여야 한다. 반대로 반촉성 재배 등에서 묘의 질소 수준이 낮아서 화아분화 개시가 빨라질 경우는 불시 출뢰에 의하여 1화방의 수량이 현저히 감소하게 되므로 촉성 재배와는 대조적으로 묘의 질소 수준을 높여 화아분화 개시기를 늦추는 것이 바람직하다.

화아분화 발육과 질소 수준과의 관계에 대하여 육묘 시에 고려해야 할 점은 다음과 같은 것들이 있다. 우리나라에서 자연의 저온 단일에 의하여 화성 유도가 시작되는 시기는 9월 상순경이며, 이 시기부터 묘의 질소 수준이 화아분화 조만을 결정하게 된다. 즉, 그 이전의 질소 수준은 묘소질에 결정적인 영향을 미치지 않는다고 할 수 있다. 따라서 화성 유도가 가능한 저온 단일 조건이 주어질 때, 묘의 질소 수준을 조절하는 것이 육묘법과 작업 체계에 주안점이 된다. 그리고 질소 수준과 함께 묘소질 구성의 주요한 요소가 되는 것이 탄수화물 수준이다. 예를 들면 질소 수준이 같은 경우라도 1차근 수의 차이 등으로 탄수화물 축적이 다른 경우에는 화아분화 및 출뢰기가 자연히 달라진다.

묘의 질소 수준이 낮을 때 화성 유도가 빠르지만, 그 이후의 화아의 분화, 발육에는 저질소가 억제적으로 작용하게 된다. 또한 화성유도 이후의 화아의 분화 및 발달에는 질소뿐만 아니라 탄수화물이 관여하게 된다. 엽아로부터 화아로 생장점 조직이 생리적으로 전환한 후 충분한 탄수화물의 공급과 어느 정도 질소 수준이 높아야 왕성하게 분열하게 된다. 탄수화물이 부족한 조건에서 질소 수준이 지나치게 높은 경우 화아원기의 이상 분열이 일어나기 쉽다. 화아분화 초기 단계에 이와 같은 이상 분열이 일어나면,

품종에 따라서는 영양 생장으로 일시적 회귀가 생기기도 하고, 정아 우세가 붕괴되어 액아가 다수 발생하기도 한다.

이러한 화아의 이상 분열은 고질소 수준 이외에 고온, 지베렐린 과다 살포 등이 원인이 되기도 한다. 실제 재배에서는 질소 과다 묘를 지나치게 빨리 정식하는 경우나 외부 비닐 피복과 비닐 멀칭이 빠른 경우에 발생하기 쉽다. 또한 늦더위가 심한 해에 이런 현상이 심하게 나타나게 된다.

마. 자묘의 소질

1차근의 발생 등 자묘의 충실도가 같을 경우 자묘의 발생 순위와 묘의 생산력과는 특별한 상관 관계는 없다. 다만 발생 시기가 빠른 묘는 보통 하위의 자묘를 많이 발생시키기 때문에 양분 축적이 적어 묘의 충실도가 떨어지기 쉬운 것이다. 따라서 발생 시기가 빠른 묘도 초기부터 독립시켜 좋은 조건을 주면 좋은 묘가 될 수 있다.

결국 양수분의 유지 및 생육 환경이 같은 조건에서는 자묘의 발생시기와 묘소질과는 특별한 관계가 없다. 런너는 2개의 마디로 구성되어 있으며 일반적으로는 둘째 마디의 선단부에 자묘가 착생하게 되고, 그 자묘에서 새로운 런너가 다시 발생한다. 그러나 더러 첫 번째 마디에 런너가 발생하여 자묘를 형성하는 경우가 있는데 이렇게 발생한 묘는 세력이 약하여 생산력이 떨어지므로 조기에 제거하는 것이 좋다.

바. 묘소질과 본포에서 생육 및 수량과의 관계

(1) 촉성재배

촉성재배는 조기에 수확하는 것을 목적으로 하기 때문에 화아분화 및 출뢰기가 될 수 있는 한 빠른 것이 바람직하다. 따라서 8월 상순부터 묘의 질소 수준을 낮춰야 하지만 동시에 저장 양분이 어느 정도로 유지되도록 하여야 한다. 저장 양분의 부족으로 화아의 발달이 지연되어 결국 개화가 늦어지고, 개화수도 감소되기 때문이다. 이와 같이 화아분화와 정식 후의 근군 발달 및 생육 조건은 서로 모순되며 촉성 재배에 이용되는 묘는 이러한 모순을 수용해야만 한다고 할 수 있다. 즉, 촉성재배에 적합한 묘는 관부가 굵은 동시에 1차근이 잘 발달한 것이어야 한다.

관부가 굵어도 1차근이 잘 발달하지 못한 묘는 착과 수에 적합한 담과 능력이 없어 후기의 생육이 현저히 떨어지게 된다. 정화방의 착과 부담에 의하여 액화방의 발달과 착과도 강하게 억제된다.

후기의 생육 저하는 정식 후의 관리만으로는 극복하기 어려운데, 이것은 정식 시에 묘소질에 기인하는 경우가 많기 때문이다. 관부가 작지만 1차근이 잘 발달한 묘는 정화방의 착과수가 적기 때문에 후기의 생육 저하 현상이 심하지 않고 액화방의 발달이 왕성한 것이 특징이다.

(2) 반촉성, 노지, 억제재배

반촉성, 노지, 억제재배에서는 화아분화가 빠르면 불시 출뢰에 의하여 수량이 감소되거나, 냉장 중에 저온 장해가 발생하기 쉽기 때문에 화아분화를 늦추는 것이 바람직하다. 불시 출뢰를 억제하기 위해서는 9월 이후에도 질소 수준이 어느 정도 높게 유지되어야 한다. 성숙 엽병 즙액 중에 질산태 질소 농도가 적어도 500ppm 이상 되는 것이 좋다(촉성의 경우에는 200~300ppm 이하).

또한 이들 작형은 어느 것이나 불량 조건에서 정식하기 때문에 정식 후의 발근력이 중요한 묘소질의 구성 요소가 된다. 정식 시의 불량 조건으로는 반촉성, 노지재배에서는 저 지온이며 억제, 촉성재배에서는 고온이다. 발근력은 저장 양분에 지배되기 때문에 이들 작형에 이용되는 묘는 1차근이 잘 발달한 묘가 적합하다. 특히 −1~−2℃에서 수개월 동안 냉장하는 억제재배에서는 저장 양분이 많은 1차근이 잘 발달한 묘를 이용하여야 냉장 장애를 극복할 수 있다.

딸기 촉성재배 육묘기술 (제3판)

IV

육묘기 주요 병충해 및 방제

1. 탄저병
2. 시들음병
3. 역병
4. 흰가루병
5. 줄기마름병
6. 세균모무늬병
7. 응애
8. 진딧물
9. 작은뿌리파리
10. 나방

IV. 육묘기 주요 병충해 및 방제

현재 국내에 보고되어 있는 딸기의 병해는 25종이며 그 중 큰 피해를 주는 주요 병해는 탄저병, 역병, 시들음병 등 9종이다. 딸기의 병해 발생은 품종과 밀접한 관계가 있는데 최근 많이 재배되는 촉성재배 품종인 '매향', '설향', '싼타' 등은 탄저병 발생이 문제되고 있으며 특히 '설향'은 역병, 시들음병에도 약하여 육묘기에 많은 피해를 주고 있다. 병해충은 주로 육묘기와 수확기에 발생이 되어 피해를 주고 있으며 병해충이 다발생 할 경우 방제가 어려우므로 병해충의 예찰과 사전 예방 위주의 방제가 필요하며 병해충의 정확한 동정과 진단을 통한 적절한 방제방법을 응용하여 병해충을 최소한으로 줄이면 안전한 딸기 생산이 가능할 것이다.

1. 탄저병

병원균 : *Colletotrichum fructicola, C. acutatum*

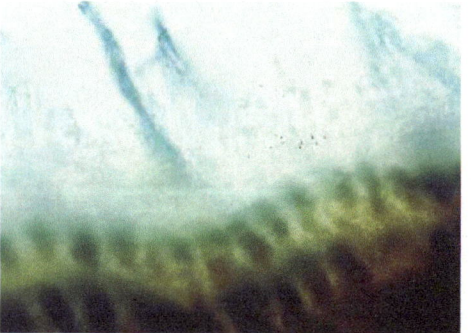

〈딸기 잎에 형성된 탄저병균의 분생포자와 부착기(A), 분생자층(B)〉

발병 조건 및 전염원

고온 다습(25~35℃)과 장마 시기인 6월 하순부터 8월 하순까지 육묘포장에서 발생이 많고 정식후인 9월 중하순부터 1화방이 출뢰되는 시기(10월)까지 많이 발생한다.

잠재 감염주와 이병 잔재물이 1차 전염원으로 강우나 관수에 의해 포자가 이동하여 2차 전염원이 된다.

병징

런너와 엽병에 발생하기 쉽고 분홍색의 분생자층을 형성한다. 크라운부에 침입하면 바깥 부분에서 안쪽으로 갈변되며, 드물게 잎에 검은색의 병반을 형성하기도 한다. 과실에 발생하면 작은 검은 반점이 형성되고 점점 진행되어 수침상으로 움푹하게 되며 그 위에 분홍색의 분생 포자퇴를 형성하고 꽃도 마르고 갈변된다.

〈딸기 식물체 부위별 탄저병 병징〉

품종별 탄저병 발생 차이

대왕, 매향, 산타, 금향, 아끼히메, 설향, 레드펄 순으로 탄저병에 약하다.

방제

재배적 방제로 비가림 재배를 실시하며 점적 관수나 저면 관수를 병행하여야 방제효과를 높일 수 있다. 또한 건전한 모주 선택과 포트나 격리 벤치를 사용하여 육묘하고 배수가 잘 되게 한다. 무병묘가 확보되지 않은 경우는 본포 정식 후 11월에 강하게 발생되는 런너를 포트로 받아 이 묘를 월동 후 다음해 육묘용 모주로 사용한다. 전년 발병 포장에서의 육묘를 피하고 하우스는 과습이 되지 않게 유지하며, 피해 주와 피해 경엽은 바로 제거한 후 비닐 팩에 밀봉하여 고온 처리한다. 또한 베드나 고정 핀은 알코올이나 염소계 소독제로 소독 한 후 사용하고 딸기를 심을 때 너무 깊지 않게 심는다. 탄저병은 질소와 칼륨이 과다할 경우 발병이 증가하므로 탄저병 발병 시기에는 시비에 주의해야 한다.

화학적 방제로는 치료적 살포보다는 예방적으로 살포시 더 효과적이며, 약제 처리시 크라운 부위까지 충분히 묻도록 엽면 살포를 실시한다. 정식 직후에는 관부에 약제가 충분히 묻도록 조루 관주를 실시하거나 딸기묘 정식시 살균제(프로클로라즈 망가니즈 2000배, 10분)에 딸기묘 전체를 침지하여 심으면 방제 효과를 높일 수 있다. 탄저병은 6월 하순부터 8월의 육묘기와 정식 후 10월에 발생이 많으므로 이 시기에 집중 방제를 실시한다. 또한 런너 절단과 하엽 작업 후에는 반드시 탄저병 약제를 살포하여 예방하고 절단용 가위도 약제나 알코올로 소독 후 사용한다.

2. 시들음병

병원균 : *Fusarium oxysporum f. sp. fragariae*

A
B

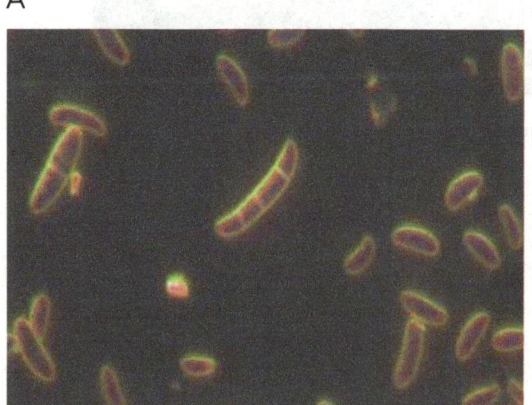
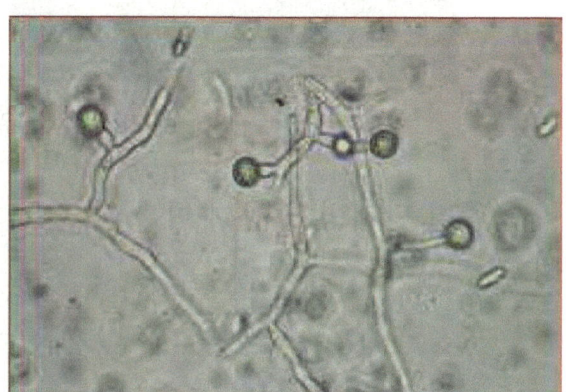

〈시들음병균의 분생 포자(A)와 후벽 포자(B)〉

전염 경로

토양 중에 있는 후벽 포자가 주 전염원으로 딸기의 뿌리를 침입하여 발생하여 전염된다. 또한 모주의 도관 내에 존재하던 균이 런너를 통해 자묘로 이동하여 전염원이 된다.

발병 조건

발병 적온은 28℃의 고온성 병이며 토양 산도(pH)가 낮을 때, 염 농도(EC)가 높을 때, 사질 토양에서 많이 발생한다. 육묘 시에는 7~8월, 촉성 재배시 정식 후 9~10월에 많이 발생한다.

병징

새 잎이 황록색이 되거나 작아지고, 3소엽 중 1소엽이 다른 소엽에 비해 작게 되어 짝엽이 되어 나온다. 근관부, 엽병이 일부 갈변되어 있거나, 주 전체의 생육이 불량하다. 피해 포기의 관부, 엽병을 절단해 보면 도관의 일부 또는 전체가 갈색에서 흑갈색으로 변하고 하얀 뿌리는 거의 없이 흑갈색으로 부패한 것이 많다. 육묘 포장의 모주에 발생하면 런너 발생수가 적어지고 런너의 새 잎에도 기형 잎이 발생한다. 수확기에 발생하면 착과가 적게 되고 과실 비대도 나빠진다.

〈시들음병 병징〉

품종별 발병 정도

딸기 품종 중 설향, 금향, 매향, 선홍, 조홍, 보교조생, 아이베리, 도치오도메, 레드펄, 아리향, 금실, 하이베리, 비타베리는 매우 감수성이며, 정보, 여봉, 도요노까는 중간 정도이고 수홍은 저항성으로 나타난다.

방제

재배적 방제로는 무병 포장에서 채묘하고 노지 포장의 경우 연작을 피하여 재배하며 토양이나 재사용 상토는 태양열 토양 소독이나 상토 소독 후 정식한다. 토양이나 상토는 pH가 낮거나(산성) 염류가 높지 않게 관리하여야 한다. 또한 무병묘를 이용하며 무병묘 확보를 위해 본 포장 정식 후 발생하는 굵고 건전한 자묘를 포트로 받아 다음해의 육묘용 모주로 이용하는 방법도 있다. 시들음병은 4월 하순과 6월 중하순에 발생이 높고 특히 고온기에 높은 발생율을 보이므로 시들음병이 주로 발생하는 시기에 예방적으로 적용 약제나 미생물제를 관주 처리한다.

3. 역 병

병원균 : *Phytophthora cactorum, P. nicotianae var. nicotianae*

A
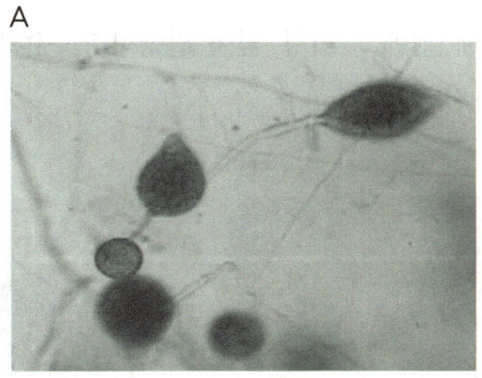

B
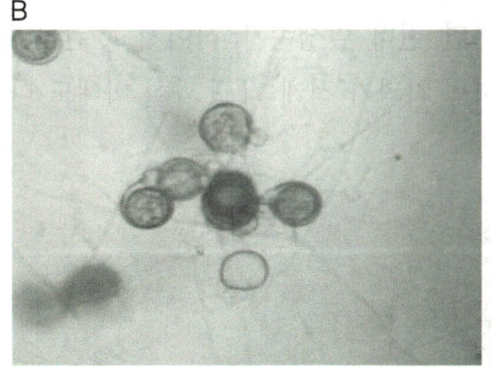

〈역병균의 유주자낭(A)과 난포자(B)〉

전염 경로

다범성 균으로 피해 식물위에 유주자를 만들어 주로 균사, 난포자, 후벽 포자를 형성하고 직접 토양 중에 또는 피해 조직에도 생존한다. 토양 전염과 물에 의한 전염으로 병이 발생하며 습도가 높은 지역에서 발생이 많다. 고온성 균으로 생육온도는 10~35℃이며 30℃ 전후가 적온이다.

발병 조건

발병 포장은 연작할 경우 피해가 크며 배수가 불량한 육묘 포장과 여름에 온도가 높은 경우 많이 발생한다. 또한 과습이나 과 건조한 물 관리시 발병이 잘 된다.

병징

여름 고온기에 크라운과 잎에 발생하며 크라운 부위에 발생할 경우 뿌리의 기부, 근부, 엽병에도 발생한다. 크라운 부위는 초기에 암갈색을 띠고 병이 진전되면 위조하며 그 후 잎 고사 증상이 나타난다. 크라운 부위를 절단하면 도관의 바깥에서 안으로 갈변이 진행되고 심해지면 가운데에 공동을 형성한다. 잎에 발생할 경우 초기 병징은 흑색으로 방추형, 큰 원형이며 물에 데친 증상을 나타내고 병환 부는 함몰한다. 습도가 높을 경우 병반은 확대되며 부정형 암갈색의 병반을 형성한다. 꽃대는 초기에 무르고 시들며 연한 적색을 띠고 안쪽을 잘라보면 관부를 따라 갈변되고 진전하면 꽃대 안쪽 전체가 갈변이 진행된다.

〈역병 병징〉

품종별 발병 정도

설향, 매향, 금향 품종은 역병에 감수성을 나타내었고, 그중 설향 품종이 다른 품종보다 병 발생이 높게 나타났다.

방제

역병이 걸리지 않은 무병 포장에서 육묘하는 것이 가장 좋다. 발생한 토양은 토양 소독을 철저히 하며 이병주는 바로 제거한다. 화학적 방제로 예방 및 초기 발생 시 적용 약제를 관주 처리한다.

4. 흰가루병

병원균 : *Sphaerotheca aphanis var. aphanis*

살아 있는 식물체 위에서만 생활할 수 있는 절대적 기생자로 표피 세포내에 흡기라는 기관을 형성하여 기생 생활한다.

발병조건

병원균의 최적온도는 20℃이고 발병에 필요한 상대습도는 30~100%까지 넓은 범위를 가지고 있으며, 봄철과 가을철 밤낮의 일교차가 클 때 많이 발생한다. 포자의 비산은 12시 전후, 습도 55% 이하, 날씨가 맑은 날 활발하게 이루어지며 이전에 감염된 식물의 조직에서 월동한다.

병징

잎에서는 흰가루 모양의 작은 반점을 형성하며, 아래 잎의 뒷면에 적갈색의 반점 형성이 진전되면 회백색의 곰팡이가 발생하게 되며 잎이 휘어진다. 꽃망울에 발생하면 꽃잎에 안토시아닌 색소가 형성되어 자홍색으로 변한다. 과일에서는 침해된 부분이 생육이 늦어지고, 착색이 진행되지 않고 하얗게 되어 상품 가치가 떨어진다.

〈흰가루병 병징〉

품종별 발병 정도

킹스베리, 두리향, 하이베리 품종이 설향, 매향 품종보다 높은 이병성을 지닌다.

방제

무병주를 정식하고 통풍이나 환기, 관수에 주의를 요하며 발생 잎이나 발병 과실은 바로 제거하고 정식시의 묘는 본엽을 3장 정도만 남기고 아래 잎을 제거한다. 수확기에 발생이 심하면 방제하기 어렵기 때문에 보온 개시기, 개화기 이전에 예방위주로 방제한다. 일교차가 큰 시기에 발생이 심하므로 이 시기에 중점적 방제가 필요하다. 자외선(UV-B)램프를 야간(밤 23시~2시)에 조사하여 방제한다.

5. 줄기마름병

병원균 : *Lasiodiplodia theobromae*

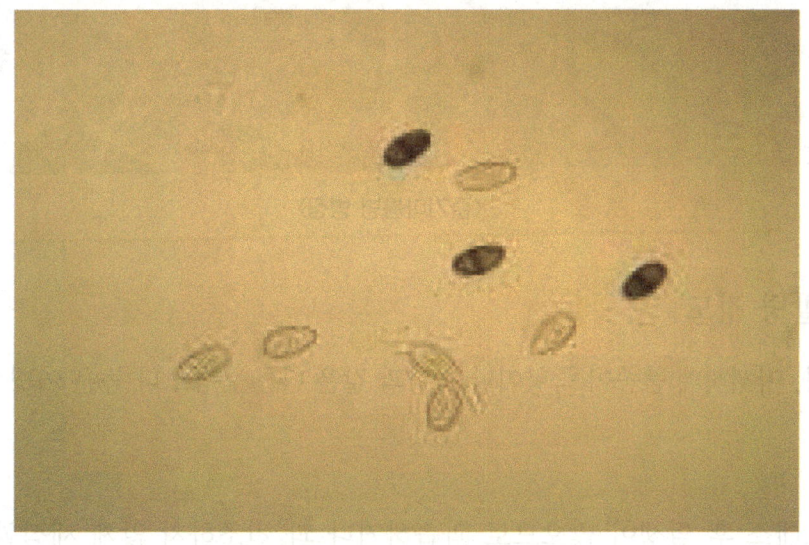

〈줄기마름병균의 포자〉

발병 조건

6~10월에 걸쳐 발생하며 8월에 가장 높은 발생율을 보이고 30℃가 적온으로 고온성 병해이다. 고온 다습한 조건에서 발생이 높고 수분 스트레스를 받은 묘에서 발생이 증가하는 경향을 보인다.

병 징

딸기 식물체가 초기에 수분 스트레스 증상을 보이며 식물체가 전체적으로 시들고 잎은 갈변이나 흑변되고 마른다. 관부는 병 진전시 바깥과 도관 부분이 적갈색으로 갈변하며 뿌리 끝부분이나 관부에 인접한 뿌리가 갈변이나 흑변한다. 런너의 경우 가지 친 가느다란 런너가 마르고 갈변이나 흑변되고 자묘도 시들며 고사한다.

〈줄기마름병 병징〉

품종별 발병 정도

금향, 설향, 아끼히메 품종이 죽향이나 숙향과 같은 다른 품종보다 높은 이병성을 보인다.

방제

수분 스트레스 후 발생이 많으므로 과습하거나 과 건조하지 않게 세심한 물 관리를 실시한다. 이병묘는 바로 제거하고 건전한 묘로 육묘한다.

6. 세균모무늬병

병원균 : *Xanthomonas fragariae*

병원균은 검역 대상 병해로 딸기 수출 및 수입에 문제가 생길 수 있는 병해이며 병원균은 그램음성 세균이다.

A
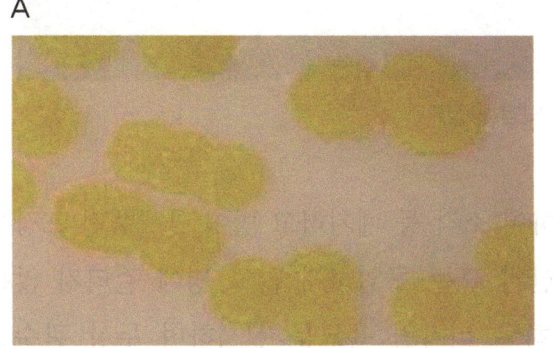

B
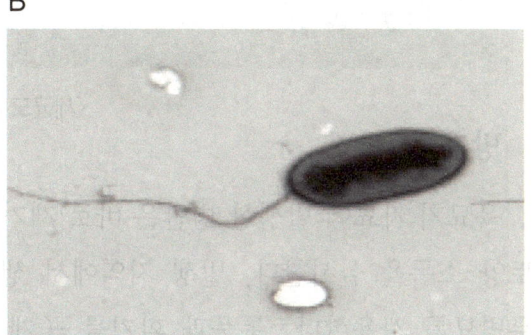

<*Xanthomonas fragariae*의 colony(A)와 형태(B)>
〈사진 : 권진혁 박사 제공〉

발생 생태

전염원은 월동한 식물체와 죽은 조직으로 높은 습도 조건에서 병반의 세균액이 2차 전염원이 되며, 비에 의해 혹은 위에서 물을 줄 경우 확산된다. 병 발생은 높은 주간 온도(약 20℃)와 낮은 야간 온도, 높은 상대 습도, 잎의 결로 시간이 긴 경우 높다.

주요 발생시기로 육묘기에는 6월~8월에 발생되며 정식 포장에서는 10월~1월에 수확 주까지 발생이 되어 피해를 나타낸다.

품종 간 발생 정도

아끼히메와 매향에서 발생이 많으며 설향 품종도 발생한다.

병징

잎, 엽병, 런너, 꽃받침, 꽃에 발생하고 초기 하엽 표면에 수침상으로 모무늬 증상을 나타낸다. 이 병징을 햇빛에 비추면 투명하게 보이고 노란색의 달무리를 형성하고 과습 상태에서 병반위에 세균액을 형성하기도 한다. 이후 상위 엽에도 발생하며 부정형, 적갈색의 반점을 형성하고 결국 괴사된다.

〈세균모무늬병 병징〉

방제

육묘기 자묘에 발생한 병반은 바로 제거하여 소각 등 폐기하고 병이 발생했던 포장은 토양 소독을 실시한다. 발생 지역에서 생산된 묘는 구입하지 않고 병에 걸리지 않는 무병묘를 사용한다. 통풍과 환기를 좋게 하고 비가림 육묘를 실시하며 두상 관수를 회피한다. 약제 방제로 육묘 포장에서부터 등록 약제를 예방적으로 처리한다.

7. 응애

학명: *Tetranychus urticae, Polyphagotarsonemus latus*

형태

점박이응애는 응애과(Tetranychidae)에 속하며 알, 유충, 제1약충(전약충), 제2약충(후약충), 성충의 5단계가 있다. 알은 구형으로 직경 약 0.14mm 크기에 처음에는 투명한 색에서 밀짚색을 띤다. 유충은 3쌍의 다리를 가지며 부화 직후 무색에서 녹색, 암녹색을 띠고 등에 검은 반점이 형성된다. 전약충은 4쌍의 다리를 가지며 연한 녹색에서 진녹색으로 유충보다 반점이 진해진다. 후약충은 전약충보다 크고 암수의 구별이 있게 된다. 각 약충 후기에는 응애 스스로 움직이지 않고 발육 단계를 완성하기 위해 탈피하는 비활동적인 기간이 있다. 성충은 달걀 모양으로 암컷은 0.4mm, 수컷은 0.3mm내외로 여름형 암컷은 담황색, 황록색으로 몸통의 좌우에 검은 무늬가 있다.

Ⅳ 육묘기 주요 병충해 및 방제

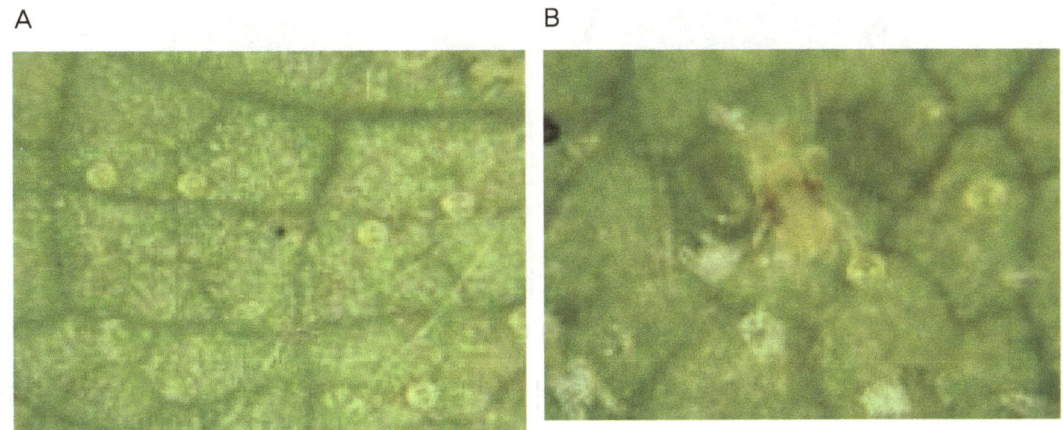

〈점박이응애의 알(A)과 성충(B)〉

차먼지응애(Polyphagotarsonemus latus)는 알, 약충, 정지기 약충, 성충의 발육단계를 거치며 실제 눈으로 구분하기 쉽지 않다. 성충의 크기는 0.2mm로 크기에 비해 이동력이 빠르다. 성충의 몸체는 계란형으로 수컷은 약간 각진 모양을 띠며 백색 또는 연한 미색이다. 알은 백색으로 표면에 수많은 돌기가 나있다. 유충은 백색으로 3쌍의 다리를 가지며 정지기, 유충기에는 잎 표면에 부착된 상태로 있다.

〈차먼지응애의 성충〉

피해 증상

점박이응애 발생 초기에는 밀도가 낮아 피해 증상이 잘 나타나지 않으나 잎의 표면에서 보면 백색의 작은 반점이 나타난다. 밀도가 점차 증가하면 잎 뒷면에서 성충과 약충이 무리지어 가해하기 때문에 잎이 작아지고 기형이 되며, 딸기 잎의 엽육 세포내 엽록소가 파괴되고 기공이 폐쇄되어 탄소 흡수와 광합성 감소를 일으키며 누렇게 변하면서 점차 말라 죽는다. 보통 아래 잎에 발생이 많으며, 점차 상위 잎으로 이동한다.

〈점박이응애 피해 증상〉

차먼지응애 피해는 새 잎에 발생이 많으며 잎 가장자리가 뒤쪽으로 말려 기형이 되고 잎 앞면은 마그네슘 결핍과 유사하게 흑색을 띠며 진녹색에 광택을 띤다.

〈차먼지응애 피해증상〉

생태 및 생활사

점박이응애는 30℃ 전후의 고온으로 강우가 적고 건조한 기상 조건에서는 10일 전후에 알에서 성충이 되며, 저온과 공기 중의 습도가 높은 기상 조건하에서는 번식이 지연된다. 야외에서는 봄부터 초여름과 가을에 발생이 많고, 한여름과 장마 기간에는 발생이 적으나 온실과 하우스 재배에서는 저온기와 장마기에도 상당한 발생을 보인다. 단일, 저온, 영양 부적합 등 나쁜 환경에서 암컷은 휴면에 들어가며 3~5일 후에 황적색으로 변하고 이때는 먹지도 않고 산란도 하지 않는다.

차먼지응애는 딸기 외 고추, 오이 등의 채소에 발생하고 화훼류에는 거베라, 아잘레아, 뉴기니아임파티엔스, 씨클라멘 등에 발생한다. 5월과 10월에 설향 품종에서 발생이 주로 되고 겨울과 봄 사이 가온시기에 발생 빈도가 높다. 하우스 온도가 15~20℃일 때 가장 잘 번식하고 25℃이상 고온 유지가 될 때 다소 억제된다. 알에서 성충까지 발육기간은 30℃에서 3~5일 걸린다. 성충은 말라죽은 잎이나 줄기의 틈에서 월동한다.

방제

발생 초기에 발견하여 철저히 방제하는 것이 좋다. 응애류는 대부분 잎 뒷면에 기생하기 때문에 약제를 잎 뒷면까지 충분히 묻도록 살포한다. 최근 동일 약제 또는 동일 계통의 약제 연용으로 약제 저항성 응애가 출현하여 문제가 되므로 약제 연용을 피하고 유효 성분이 다른 약제를 바꾸어가며 살포한다. 발생이 많을 때에는 성충·약충·알이 함께 있기 때문에 5~7일 간격으로 2~3회 약제 살포가 필요하다.

생물적 방제로 점박이응애 방제를 위해 발생 초기에 칠레이리응애를 방사한다.

8. 진딧물

학명: *Aphis gossypii, A. solani, Chaetosiphon minus*

딸기에 발생하는 진딧물은 목화진딧물, 애못털진딧물, 수염진딧물 등이 있으며 이중 목화진딧물이 주종을 이루고 최근에는 친환경 재배 포장에서 애못털진딧물과 수염진딧물의 발생이 증가하는 추세에 있다.

형태

목화진딧물(*Aphis gossypii*)은 매미목(*Homoptera*), 진딧물과(*Aphididae*)에 속하며 오이, 수박, 호박, 멜론 등 박과작물과 가지, 고추, 토마토 등 가지과작물, 화훼류 등에 발생한다. 날개가 있는 충태는 머리와 가슴이 흑색, 배는 녹색, 황록색이며 흑색 반점이 있다. 더듬이는 6마디, 뿔관은 흑색원통형이다. 날개가 없는 충태는 농암록색이며 겹눈은 암적갈색, 더듬이는 6마디, 뿔관은 흑색이다. 또한 수확 후기에 다발생한 경우나 육묘기에는 1mm이하의 황갈색 왜화형이 보인다.

애못털진딧물(*Chaetosiphon minus*)의 무시충은 1.2~1.3mm정도에 연황색 또는 녹황색이다. 유시충은 1.2mm의 연한 녹황색이고 등면과 정수리가 옅은 갈색을 띤다.

싸리수염진딧물(*Aulacorthum solani*)의 무시충은 2.2~3.0mm의 연황색 또는 녹황색이며 더듬이는 몸길이의 1.8배이다. 유시충은 2.4mm의 녹색 혹은 연녹색이며 배에 5개의 검은 띠무늬가 있다.

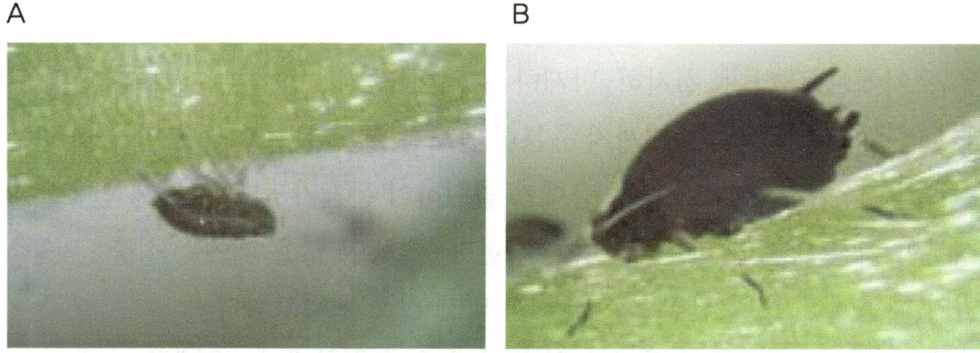

〈목화진딧물의 약충(A)과 성충(B)〉

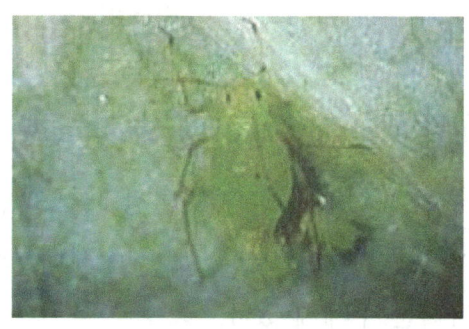

〈애못털진딧물 성충〉

피해 증상

연중 발생하며 주로 개화기 이후에 문제가 된다. 보온 개시기 이후 방제를 소홀히 하면 수확기에 화방을 중심으로 생육을 지연시키며 잎의 전개가 불량해진다. 방제가 잘 안될 경우 꽃대가 출뢰될 때마다 전개되지 않은 꽃대 안쪽에서 계속적으로 발생한다. 직접적인 흡즙 이외에도 각종 바이러스 병을 매개하며 배설물인 감로는 잎 표면과 과일 표면에 그을음병을 유발하여 광합성을 저해하거나 상품 가치를 떨어뜨린다.

생태 및 생활사

목화진딧물의 야외 개체군은 무궁화, 석류나무 등의 겨울눈이나 표피에서 알로 월동하여 4월 중하순에 부화하지만 하우스 내의 개체군은 겨울철에도 증식한다. 겨울 기주에서 1~2세대를 경과한 뒤 5월 하순~6월 상순에 유시충이 출현하여 여름 기주인 채소류, 화훼류로 이동하는데 이때 일부가 하우스에 침입하거나 정식기에 묘와 함께 하우스 내에 침입한다. 1세대 발육은 짧으면 1주일에 가능하고 1개월간 살며 약 70개의 알을 낳는다. 1년에 6~22여 세대를 경과한다. 암컷만으로 생식하는 단위 생식을 한다. 진딧물은 바이러스의 중요한 매개자이다.

싸리수염진딧물은 감자, 국화, 양상추, 콩류, 가지 등에 발생하고 싸리나무, 참소루쟁이, 레드클로버 등에서 알로 월동하고 4월 중하순에 부화하여 간모가 되며, 성숙하여 단위 생식을 한다. 5월 하순부터 6월 상순에 유시충이 되어 여름 기주로 이동하며 10월 하순에 겨울 기주로 이동하여 알을 낳는다. 그러나 시설 재배 하우스에서는 무시충으로 단위 생식하며 월동을 한다.

방제

육묘 포장에서 철저히 방제한다. 개화기 이후 약제 살포로 인한 꿀벌의 피해와 기형과 방지를 위해서 될 수 있는 한 살충제의 사용을 피하고 보온 개시기 전후에 방제를 철저히 한다. 초기 방제 시 1마리가 남으면 이것이 증식원이 되어 개화기에는 집단으로 형성된다. 이 시기에는 인접 포기로의 이동이 적기 때문에 화방 출뢰시 진딧물 발생을 확인하고 발생 부위를 주의 깊게 찾아서 방제한다.

물리적 방제로는 모주상은 바이러스병 감염 방지를 위해 한랭사 피복을 하거나 비닐하우스에 방충망을 설치한다.

9. 작은뿌리파리

학명: *Bradysia difformis*

형태

작은뿌리파리 성충의 몸 길이는 암컷이 1.1~2.4mm 이다. 머리는 갈색을 띤 검은색이다. 산란은 알 덩어리(난괴) 형태 또는 하나씩 낳기도 하며, 모양은 타원형이다. 크기는 길이 0.2mm이다. 유충은 4령까지 있으며, 노숙유충의 체장은 약 4mm정도이다. 번데기는 연한 황갈색이며, 촉각과 다리가 외부로 나와 있다.

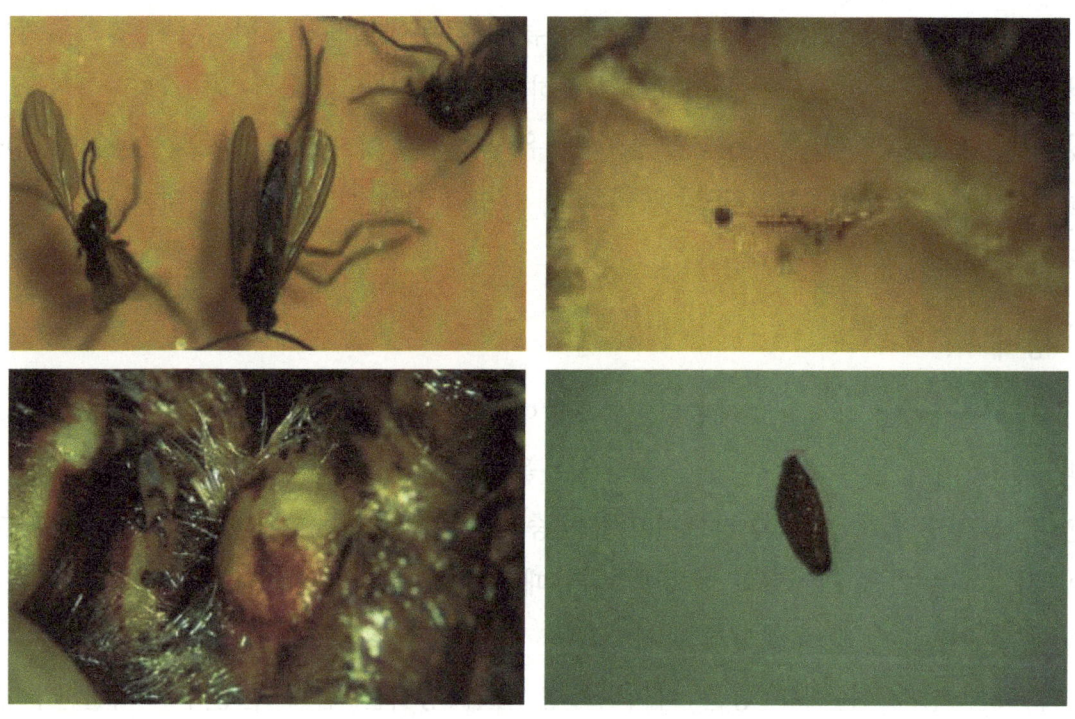

〈작은뿌리파리의 형태(성충, 유충, 번데기)〉

피해

작은뿌리파리의 유충은 햇빛을 기피하고, 수분이 많은 곳을 선호하는 특성을 가지고 있으므로 작물의 지하부 뿌리를 가해. 피해 받은 뿌리는 갈색의 상처가 나며, 특히 육묘 시기나 온실 재배 환경에서 많은 피해를 나타낸다.

피해 증상으로는 딸기의 지제부(지상부와 토양의 경계부위)를 포함한 토양 내부의 뿌리털이나 어린뿌리를 직접 가해하여 뿌리의 발달이 불량해지고, 지제부 주변이 너덜거리며 수분이나 영양분 이동을 저해함으로 생장 지연, 시들음 증상을 일으킨다. 결국에는 뿌리의 절단과 지제부 줄기를 파고 터널을 만들어 들어가 식물체를 고사시킨다.

이러한 증상은 토양 병원균에서 보이는 병징과 같은 증상을 나타내므로 대개 병해로 판정하기 쉬운 면이 있다. 보통 10월에 증상이 나타날 경우 새 잎이 약간 짝잎이 되고 연한 녹색이 된다. 탄저병, 역병, 시들음병 등의 원인이 되는 균류를 매개할 수 있을 것으로 추정된다.

〈작은뿌리파리 피해증상〉

생활사

일반적으로 낙엽과 같은 죽은 유기물질 내의 다습하고 어두운 곳에서 번식한다. 알에서 성충까지의 기간은 약 4주이며, 따뜻한 실내나 온실에서 계속적인 번식이 이루어진다.

유충은 곰팡이와 썩은 유기물뿐만 아니라, 살아있는 식물체 조직을 섭식하기도 한다. 그 중에서 뿌리를 가해하는 작은뿌리파리 유충은 햇빛을 기피하는 특성을 지니고 있고, 수분이 많은 곳을 선호한다.

성충의 수명은 약 7~10일 가량 이며, 수분이 많은 토양 표면이나 토양이 갈라진 부분에 산란을 한다.

암컷은 2~10개의 알 덩어리로 산란하며, 모두 100~300개의 알을 낳는다. 산란된 알은 4~6일 내에 부화하며 유충 기간은 12~14일, 번데기 기간은 5~6일간을 지낸 후 성충으로 우화하며, 연간 여러 세대가 순환을 한다.

알에서 번데기 단계까지 발육에 필요한 시간은 온도에 따라 차이가 심하여, 25℃ 온도에서 3주일 걸리는 반면, 10℃저온에서는 약 3개월까지 걸린다.

발생 양상

온도와 습도 조건이 잘 맞춰지는 온실 재배 환경에서 연중 발생한다. 딸기에서 발생이 많은 시기는 5월과 10월이며 연중 고온과 건조가 쉽게 이루어지는 여름철에 밀도가 줄어들지만, 그 외 시기에는 항상 발생된다. 특히 습도가 항상 유지되고 일반 토양 조건이 아닌 암면이나 상토, 왕겨와 같은 배지를 이용하여 재배하는 곳에서는 발생 정도와 시기가 일반 토경 재배보다 심하게 나타난다. 주로 일정한 수분과 온도가 유지되는 육묘장과 양액 재배, 시설 토경 재배 농가에서 많이 발생된다. 그 원인은 관수 과다, 유기물이 풍부한 상토조건, 조류(algae) 생장에 유리한 환경 등 전체적으로 과습한 온실 환경 조건 때문이다. 또한 토경 재배 시 유기물 함량이 높을 경우와 미숙 퇴비를 사용한 경우에도 많이 발생한다.

가해 작물

작은뿌리파리는 유럽, 북미, 아시아, 일본, 한국 등 온실 재배가 이루어지는 대부분 지역에서 발견된다. 이 해충은 박과(오이. 멜론. 수박. 애호박), 가지과(토마토. 고추. 파프리카), 화훼류(백합. 카네이션. 장미. 거베라. 국화. 호접란. 글라디올라스) 그리고 생강, 천궁, 작두콩, 신선초, 둥굴레, 소나무, 해송 등 21종의 다양한 작물을 가해하는 것으로 기록되어 있다.

예찰 방법

성충을 대상으로 예찰을 하며, 황색점착트랩(Yellow sticky trap, $10 \times 20 cm^2$)을 이용한다. 설치 높이는 육묘 벤치 또는 지표면에서 위 25cm 지점과 육묘 벤치 아래 10cm 지점에 5~10m간격으로 설치하는 것이 효과적이다. 이는 작은뿌리파리 성충의 이동 또는 분산범위가 좁고, 직사광선을 싫어하며, 습기가 많으면서 응달진 곳을 선호하기 때문이다. 따라서 높은 곳에 트랩을 설치하는 것은 효과적이지 못하다. 방제 시기는 여름철에는 고온 및 저습으로 인해 성충의 밀도가 감소하고, 묘종 고사율도 낮아지기 때문에 그 외 시기인 봄과 가을, 겨울에 예찰을 통해 방제 적기를 선정하는 것이 좋다. 상습적으로 발생하는 육묘포장에서 성충 유인수가 트랩당 50~100마리 정도이면 모종 고사율이 약 30%가 나오므로 방제 적기 선정에 주의를 기울여야 한다.

유충은 감자 절편(1.5~2cm)을 딸기묘의 지제부 근처 상토위에 눌러 올려놓아 유충 발생 유무를 확인하여 예찰한다.

방제

약제 방제는 현재 딸기로 등록된 약제를 엽면살포 및 관주처리한다. 딸기에 등록된 약제는 대부분 유충을 대상으로 방제하므로 관주처리하며 관주량은 주당 100ml정도 예방적으로 10일 간격으로 처리한다. 육묘기에는 등록된 대부분의 약제를 사용할 수 있으나 본포 정식 후에는 꿀벌에 독성이 낮은 약제만을 선정하여 처리해야 하며 꿀벌 독성이 높은 디노테프란, 글로로티아니딘, 티아메톡삼 등의 약제는 반드시 육묘기에만 사용하여야 한다. 성충 방제는 비펜트린 성분이 있는 약제를 주로 엽면 살포하며 이들 약제는 꿀벌에 피해가 크기 때문에 육묘 포장에 한정하여 사용해야만 한다. 본포 정식 후 트랩 설치는 성충의 밀도를 낮추는 역할도 한다.

천적을 이용한 방제로 곤충 병원성 선충을 토양 관주하여 방제하며 관주할 경우 점적호스는 선충이 호스에 침전되므로 가급적 저압의 분무기로 처리하고 5~7일 간격으로 2~3회 이상 처리한다. 포식성 천적인 아큐레이퍼응애나 스키미투스응애를 작은뿌리파리 발생 전이나 초기(50마리 이하/트랩)에 m^2당 30.3마리(3만 마리/990m^2/3병)를 7~20일 간격으로 3회 방사한다.

10. 나방

학명: *Spodoptera litura, S. exigua*

딸기에 발생하는 나방류는 7종이 있으며 이중 파밤나방과 담배거세미나방이 큰 피해를 나타내고 있다.

주요 나방의 형태

거세미나방(*Spodoptera litura*)은 밤나방과에 속한다. 나방은 몸길이가 17~22mm 이며 날개를 편 길이는 35~42mm 정도로 전체가 회갈색으로 앞날개의 밑부에 회백색 선이 몇 줄 있고 그밖에 회백색과 흑색의 무늬가 복잡하다. 날개의 외연은 암색이고 자색을 띤다. 유충은 40mm정도이고 몸 색깔은 담록색에서 흑갈색까지 변이가 다양하며 등면 좌우 양측에 흑색 반점무늬가 있고 기문 아래쪽은 흰색 띠를 이룬다. 알은 백색이고 진주 광택이 있지만 부화 직전에는 암색으로 변한다.

파밤나방(*S. exigua*)은 밤나방과에 속하며 성충의 길이는 8~10mm이며 날개를 편 길이는 11~12mm로 앞날개는 회갈색으로 중앙부에 연한 황색 또는 황색의 점이 있고 그 옆에 콩팥 무늬가 있다. 유충은 35mm정도로 황록색을 띠며 중간이후에는 녹색 또는 갈색이 많다. 유충의 측면에는 뚜렷한 흰 선이 있고 기문 주위에는 분홍색의 반달무늬가 있다. 알은 담황색으로 잎 표면에 무더기로 산란한다.

A

B

〈거세미나방의 유충(A)과 성충(B), (농촌진흥청 사진)〉

피해

거세미나방은 알에서 갓 깨어난 후 2령 애벌레가 될 때까지 주로 잎 뒷면에 무리를 지어 잎줄기만 남기고 잎 살을 갉아먹는다. 3령 이후 애벌레는 분산하여 잎 뒷면 또는 흙덩이 사이에 몸을 숨기고 산발적으로 흩어져 잎을 먹는다. 하우스 비닐피복 이전에 포장에 정착한 유충은 가온이 되는 경우 겨울철에도 가해를 하며 성충도 발생하여 번식을 한다.

생태 및 생활사

거세미나방은 1년에 5세대를 경과하는 것으로 추정되며 고온성 해충이고 휴면을 하지 않는다. 알기간은 7일, 애벌레기간 13일, 번데기기간 10~13일, 성충수명은 10~15일이며 알은 알 덩어리로 약 1,800개 정도 낳고 노숙애벌레는 식물체 주변의 흙으로 고치를 짓고 번데기가 된다.

방제

피해 잎은 따서 제거한다. 중점 방제 시기는 제 4세대가 발생하기 전인 8월 상중순이다. 노지의 묘포는 한랭사를 씌워 성충과 유충의 유입을 방지한다.

딸기 촉성재배 육묘기술 (제3판)

부록

- 육묘기 월별 작업 일정
- 육묘기 병해충 방제력
- 딸기 등록 약제

육묘기 월별 작업 일정

월별	작업명	관리 요점

2	모주 준비
	(2월상순)
		• 모주는 저온경과가 충분해야 한다.
		  – 육묘 후기 발생 묘나 가을에 새로 발생한 자묘 중
		    세력이 왕성한 자묘 준비
		  – 동해 피해 및 탄저병 피해 예방을 위해 비가림 하우스 월동
		  – 월동 중 고사 방지를 위해 -2℃ 저장고에서 월동 보관 모주 이용
		• 모주는 병충해 감염이 없는 것 선택

3	모주상 준비
	(3월상순)
		• 베드정식
		  – 보수성, 통기성 좋은 혼합 상토 이용
		  – 육묘했던 배지는 배지 소독 후 사용
		  – 양액의 주기적 공급, 수확기보다 낮은 EC
		• 토양정식
		  – 침수 위험이 없고 배수성이 좋은 오염되지 않은 곳
		  – 육묘했던 포장은 토양소독 후 사용

3	모주 정식 (3월중하순)	• 육묘장 면적 산정 • 모주 정식 간격 : 20cm내외 ×2조식 • 모주 정식 시기 : 3월 중하순 • 관수는 점적 관수 • 촉성 재배에 적합한 육묘 방법은 포트 육묘나 차근 육묘
4~5	모주 관리	• 생육 초기 발생하는 약세 런너 제거, 곁 런너는 제거하여 통기성 유지, 액아는 1개 이내 • 주기적으로 추비 공급하여 생육을 왕성하게 관리 • 모주 이병주(탄저병, 역병, 시들음병)는 바로 제거 • 진딧물, 응애 등 병충해 방제 철저

월별	작업명	관리 요점
5~6	자묘 유인	• 모주에서 발생하는 런너는 가지런히 유인 • 포트 육묘에서는 런너 발생하기 전에 상토를 채운 포트를 미리 배치 • 런너 끝이 마르고 신엽이 오그라드는 칼슘 결핍 방제를 위해 칼슘제 관주, 토양 수분관리 철저 • 포트 받기는 런너에서 2번 자묘가 출현하는 시점에서 일시에 포트 받기 실시 • 모주 1주당 20개 자묘를 목표로 자묘 유인 • 6월 하순까지 자묘 유인이 완료된 후 자묘에 일시에 관수를 시작하여 묘령을 비슷하게 육묘
7~8	자묘 육성 화아분화촉진	• 자묘 유인이 완료되면 모주의 잎을 제거하여 통기성 확보 • 자묘의 엽수는 3매로 적엽하여 도장을 막고 화아분화 촉진 유도 • 탄저병, 시들음병, 역병 등 병충해 방제 철저 • 적엽 및 런너 제거 후에는 반드시 탄저병 방제 • 도장을 방지하기 위해 칼슘제, 규산제, 인산칼륨 또는 살균제 엽면 살포 • 육묘 후기에 양액농도는 EC 0.6으로 낮추고 정식 20일 전부터 양액 공급 중단으로 화아분화 유도 • 화아분화에 관여하는 요인은 온도, 일장, 엽수, 체내질소 수준 등으로 촉성재배를 위해 화아분화 촉진 유도 • 차광망은 55% 수준 유지, 일찍 제거할 경우 상토 및 자묘 마름 발생 • 런너 절단 : 정식 10~20일 전 실시(8월 중·하순, 뿌리가 완전히 정착 후), 런너는 5cm정도 남김 • 적엽 및 런너절단 시 가위 소독(70%알코올) 및 탄저병 방제 철저

육묘기 병해충 방제력

딸기연구소 남명현

	병해충	3월 중하	4월 중	4월 하	5월 상	5월 중	5월 하
약제방제	탄저병	스포르곤(입)/딸기탄탄(입)	스포르곤	오티바			
	시들음병			코사이드/탄성	스포르곤/미리본		
	역병		래버스/미리카트	래버스/커튼/베지크린/젬프로			
	흰가루병				힌트/크린캡/미래빛/머큐리슈퍼	산요루(약해주의)	
	작은뿌리파리	테라피(입)	황색끈끈이트랩 설치		오신/빗장/다트롤,캡틴		
	진딧물				세티스/모벤토		모스피란/모벤토
	응애					가네마이트, 코드원/지존 등	
친환경방제	탄저병	*딸기탄탄(입)*	엄지척/탄저자비		엄지척/탄저자비		
	시들음병 역병	*베리메이트*(뿌리침지, 관주)	보드도칼/엑스칼리버골드	보드도칼/엑스칼리버골드	*베리메이트*		
	흰가루병					쿠무러스(약해주의)	
	작은뿌리파리	충격탄(입)/대유플라즈마님(입)			곤충병원 성선충		
	진딧물				그린포수		지비원
	응애				디팬스아이+응구탄/응애노, 응팔이/호티임펙트/캐리오		

*약제선정과 시기는 품종과 기상환경에 따라 변동될 수 있으므로 주의를 요함
*대표적인 약제의 상표명을 표기했으며 성분이나 계통이 같은 등록된 약제 사용함
*작은뿌리파리 : 비가 연속적 오거나 장마기에는 추가로 처리
*기울림체는 유기농업자재 미등록

	병해충	6월			7월		
		상	중	하	상	중	하
약제방제	탄저병 줄기마름병	단단	스포르곤/ 오티바	다코닐 에이스	스포르곤/ 벨쿠트	카브리오/ 오티바	스포르곤+ 몬카트 (조루관주)
	시들음병 역병		미리본	스포르곤+ 래버스	래버스/ 배지크린		
	작은뿌리 파리	오신/빗장/ 다트롤, 캡틴		테라피입제			오신/빗장/아타라/ 다트롤, 캡틴
	흰가루병	힌트/머큐리/ 크린캡/미래빛 등	산요루/ 해비치 등				
	응애	올스타, 밀베노크 /쇼크, 노블레스, 파워샷/지존 등					올스타, 볼리암- 타고/렘페이지, 스트라이크/ 카스케이드 등
	나방					에이팜/ 아리엑셜트 등	델리게이트/ 파밤탄/에이팜
친환경방제	탄저병 줄기마름병	엄지척 (탄저자비)	엄지척 (탄저자비)	엄지척 (탄저자비)	엄지척 (탄저자비)	엄지척 (탄저자비)	엄지척 (탄저자비)+ 규산나트륨 *딸기/탄탄(입)*
	시들음병 역병		보르도칼/ 엑스칼리버 골드	보르도칼/ 엑스칼리버 골드	*베리 메이트*		
	흰가루병		유황 (활화산, 쿠무러스)				
	작은뿌리파리	곤충기생성선충				아큐레이퍼응애/ 곤충병원 성선충	마일즈응애/ 곤충기생성선충
	응애	디팬스아이+ 응구탄/응애노, 응팔이/ 호티임펙트/ 두배랑/캐리오 등					디팬스아이+ 응구탄/응애노, 응팔이/ 호티임펙트/ 두배랑//캐리오 등
	진딧물, 나방 (엽면살포)				멸충대장	솔빛채(나방)	충격파/충무로

	병해충	8월			9월 상순 (정식 전)
		상	중	하	
약제방제	탄저병 줄기마름병	스프르곤+몬카트 (조루관주)	오티바	스포르곤	보가드
	시들음병 역병	코사이드/ 코사이드옵티		미리본	
	작은뿌리파리	테라피입제			천하평정
	흰가루병				
	응애	올스타, 볼리암-타고/ 렘페이지, 스트라이크/ 카스케이드 등			올스타, 밀베노크/ 쇼크, 노블레스, 파워샷/지존/컷다운 등
	나방	스튜어드골드/ 알타코아/ 에스지블루밍			
친환경방제	탄저병 줄기마름병	엄지척 (탄저자비)+ 규산나트륨	엄지척 (탄저자비)+ 규산나트륨	엄지척 (탄저자비)+ 규산나트륨	엄지척 (탄저자비)
	시들음병, 역병	보르도칼/ 엑스칼리버골드/ 베리메이트		보르도칼/ 엑스칼리버골드	
	작은뿌리파리				
	흰가루병				
	응애	디펜스아이+응구탄/ 응애노, 응팔이/ 호티임펙트/두배랑/ 캐리오 등			디펜스아이+응구탄/ 응애노, 응팔이/ 호티임펙트/두배랑/ 캐리오 등
	진딧물, 나방	그린포수			

딸기 등록 약제

■ 살균제

딸기연구소 남명현

적용병해	작용기작	일반명(상표명)
탄저병 (육묘)	다2+다3	보스칼리드+피라클로스트로빈(벨리스에스) / 플룩사피록사드+피라클로스트로빈(미리본)
	다3	피라클로스트로빈(카브리오) / 피콕시스트로빈(수퍼킥)
	다3+사1	아족시스트로빈+테부코나졸(커스토디아) / 피라클로스트로빈+테부코나졸(포르투나)
	마3+다3	이프로디온+트리플록시스트로빈(찬찬)
	마3+사1	이프로디온+프로클로라츠 망간(참시난, 로브곤)
	사1	디페노코나졸(내비균)
	사1+다3	플루실라졸+크렉속심메칠(귀품) / 플루퀸코나졸+트리플록시스트로빈(듬지칸) / 메펜트리플루코나졸+피라클로스트로빈(멜리아)
	사1+다5	디페노코나졸+플루아지남(바이볼)
	사1+사1	프로클로라츠 망간+테부코나졸(사천왕) / 플루퀸코나졸+프로클로라츠 망간(성보탄저박사)
	사3+사1	펜헥사미드+프로클로라츠 망간(금모아)
	카	클로로타노닐(다코닐에이스) / 이미녹타딘 트리스(부티나) / 캡탄(팜한농캡탄, 머판)
	카+다3	이미녹타딘 트리스+피리벤카브(캢션) / 디티아논+피라클로스트로빈(매카니)
	카+사1	클로로타노닐+디페노코나졸(단단)
탄저병	다3	아족시스트로빈(균메카, 다승왕, 미라도, 아너스, 아젠포스, 오티바, 폴리비젼) / 피라클로스트로빈(카브리오, 카브리오에이, 프로키온)
	사1	디페노코나졸(보가드) / 프로클로라츠 망간(머니업, 스포르곤)
	사1+사1	프로클로라츠 망간+테부코나졸(사천왕)
시들음병	다2+가1	플룩사피록사드+메탈락실-엠(속시원)
	다2+다3	플룩사피록사드+필라클로스트로빈(미리본, 액수/입제)
	다3	피리벤카브(선두주자)
	마3+사1	이프로디온+프로클로라즈망가니즈(로브곤)
	바3+나1	에트리디아졸+티오파네이트메칠(가지란)
	사1	프로클로라츠망가니즈(스포르곤)
	카	쿠퍼 하이드록사이드(경농쿠퍼, 고운손, 대유쿠퍼, 동방쿠퍼, 영일쿠퍼, 쿠퍼사이드, 코사이드)
	미분류	다조멧(밧사미드)
	8f	메탐소듐(쏘일킹, 네마섹트, 투킬)
역병	나5+바4	플루오피콜라이드+프로파모카브하이드로클로라이드(인피니트)
	다3+미분류	파목사돈+옥사티아피프롤린(조르벡바운티)
	다4	사이아조파미드(미리카트)
	아5	벤티아발리카브-아이소프로필(배지크린) / 만디프로파미드(래버스)
	아5+카	벤티아발리카브-클로로탈로닐(차무로)
	미분류	피카브트라족스(퀸텍, 이슬탄)
역병 (육묘)	다4+미분류	아미설브롬+싸이목사닐(커튼)
	다8+아5	아메톡트라딘+디메토모르프(젬프로)

적용병해	작용기작	상 표 명
흰가루병	나1+다3	카벤다짐+크렉속심-메칠(탄제로)
	다2	보스칼리드(칸투스) / 이소피라잠(새나리, 올타쿠나) / 펜티오피라드(크린캡) / 플룩사피록사드(젬머, 카디스) / 피디플루메토펜(미래빛)
	다2+다3	보스칼리드+피라클로스트로빈(벨리스에스, 벨리스플러스, 블랙잭) / 펜치오피라드+피콕시스트로빈(대승) / 플록사플록사드+피라클로스트로빈(미리본) 플루피람+트리플록시스트로빈(머큐리슈퍼)
	다2+미분류	보스칼리드+메트라페논(원투원, 위트니스) / 보스칼리드+피리오페논(피라오) / 플록사피록사드+메트라페논(블루오션)
	다3	크렉속심-메칠(해비치, 마루치, 스트로비) / 피라클로스트로빈(프로키온, 카브리오, 카브리오에이, 카네기)
	다3+사1	아족시스트로빈+디페노코나졸(아미스타탑, 세이브팜) / 아족시스트로빈+테부코나졸(고속탄) / 클렉속심-메칠+트리플루미졸(진면목)
	다3+아5	아족시스트로빈+디메토모르프(라보트)
	다5	메칠디노캅(해모아)
	라1	피리메타닐(미토스)
	라1+마2	싸이프로디닐+플루디옥소닐(스위치)
	라1+사1	메파니피림+마이클로부타닐(탐스론)
	마2+다2	플루디옥소닐+이소펜타미드(에프원) / 플루디옥소닐+펜티오피라드(더블플레이)
	바6	바실러스 서브틸리스(테라스, 마지트) / 엠펠로마이세스 퀴스칼리스(큐펙트)
	사1	트리플로린(사프롤) / 페나리몰(동부훼나리) / 트리플루미졸(트리후민, 큰댁), 프로클로라츠 망간(스포르곤) / 디페노코나졸(로티플, 매직덴트, 보가드, 아이템, 푸름이), 펜뷰코나졸(바톤), 헥사코나졸(침투왕), 메트코나졸(살림꾼), 시메코나졸(디펜더), 테트라코나졸(에머넌트)
	사1+나1	디페노코나졸+티오파네이트-메칠(포커스)
	사1+미분류	디페노코나졸+메트라페논(백마탄) / 디페노코나졸+피리오페논(옵션)
	사1+사1	프로클로라츠 망간+테부코나졸(사천왕), 플루퀸코나졸+테트라코나졸(질주)
	아4	폴리옥신비(더마니) / 폴리옥신디(잘류프리)
	아4+미분류	폴리옥신디+피리오페논(전담마크)
	아5+다3	디메토모르프+피라클로스트로빈(캐스팅)
	카	유황(마코니, 쿠무러스, 트리로그) / 디비이디씨(산요루)
	카+다2	이미녹타딘 트리스+피리벤카브(캡션)
	카+아4	이미녹타딘 트리스+폴리옥신비(적토마)
	미분류	메트라페논(비반도) / 플루타닐(시워내)
	미분류+사1	싸이플루페나미드+디페노코나졸(월계수) / 싸이플루페나미드+시메코나졸(북극성) / 싸이플루페나미드+트리플루미졸(실버스타) / 싸이플루페니미드+헥사코나졸(힌트)

적용병해	작용기작	상 표 명
세균모무늬병	가4	옥솔리닉엑시드(명품탄, 배차엔진품, 비천무)
	가4+라4	옥솔리닉엑시드+스트렙토마이신(아무러)
	가4+라5	옥솔리닉엑시드+옥시테트라사이클린다이하이드레이트(부가티)
	라3	가수가마이신(메가폰)
	라5	옥시테트라싸이클린 칼슘 알킬트리메칠암모늄(성보싸이클린)
	라5+라4	옥시테트라싸이클린 칼슘 알킬트리메칠암모늄+스트렙토마이신(아그리마이신)
	아3	바리다마이신(경농바리신, 다물군, 동방바리문, 리치문, 문스타, 바리문, 발래오, 상승세, 성보바리문, 올풍, 팜한농바리신, 하이바리신)
	카	트리베이직 쿠퍼 설페이트(새빈나)

주의사항 : 사용 전 딸기 등록약제 여부를 농약정보서비스(http://pis.rda.go.kr)을 통해 다시 한번 확인해 주십시오.

■ 살균제 작용기작별 분류기준

표시기호	작용기작	표시기호	작용기작
가	핵산 합성 저해	사	막에서 스테롤 생합성 저해
나	세포분열 (유사분열) 저해	아	세포벽 생합성 저해
다	호흡 저해(에너지 생성 저해)	자	세포막내 멜라닌 합성저해
라	아미노산 및 단백질 합성저해	차	기주식물 방어기구 유도
마	신호전달 저해	카	다점 접촉작용
바	지질생합성 및 막 기능 저해	미분류	작용기작 불명

다2. SDHI (Succinate dehydrogenase inhibitors), complex II: succinate-dehydrogenase
플루토라닐 / 이소페타미드 / 플루오피람 / 플룩사피록사드, 이소피라잠, 펜티오피라드 / 피디플루메토펜 / 보스칼리드 / 피라지플루미드

다3. QoI (Quinone outside inhibitors), complex III: cytochrome bc1 at Qo site (cyt b gene)
아족시스트로빈, 피콕시스트로빈 / 피라클로스트로빈 / 크렉속심-메칠, 트리플록시스트로빈 / 피리벤카브

사1. DMI (DeMethylation inhibitors), demethylase in sterol biosynthesis
트리포린 / 페나리몰 / 프로클로라츠, 트리플루미졸 / 비터타놀, 디페노코나졸, 펜부코나졸, 플루퀸코나졸, 헥사코나졸, 메트코나졸, 시메코나졸, 테부코나졸, 테트라코나졸

■ 살충제

딸기연구소 남명현

적용해충	작용기작	상 표 명
점박이응애	3a	펜프로파트린(다니톨, 다이토나)
	3a+13	비펜트린+클로로페나피르(썬캐치)
	6	레피멕틴(검투사) / 밀베멕틴(마스터프로, 밀베노크) / 아바멕틴(겔럭시, 로멕틴, 버클리, 버티멕, 선문이응애충, 안티충, 에코멕틴, 올스타, 응애특급, 인덱스, 젠토킬, 충싸악, 큐멕틴, 프라도, 하이칸)
	6+3a	아바멕틴+아크리나트린(트립솔)
	6+4a	아바멕틴+아세타미프리드(온사랑)
	6+4c	아바멕틴+설폭사플로(슈퍼펀치)
	6+6	아바멕틴+에마멕틴벤조에이트(아벰)
	6+10b	아바멕틴+에톡사졸(응애스타)
	6+13	아바멕틴+클로로페나피르(충가네, 흑기사)
	6+21a	아바멕틴+페나자퀸(돌직구)
	6+23	아바멕틴+스피로메시펜(옵티머스, 오베론스피트)
	6+25a	아바멕틴+사이플로메토펜(와이드샷)
	6+28	아바멕틴+클로란트라닐프롤(볼리암타고)
	6+미분류	아바멕틴+플로메토퀸(한큐)
	10a	헥시치아족스(붐)
	10b	에톡사졸(주움)
	13	클로로페나피르(렘페이지)
	13+4a	클로로페나피르+이미다클로프리드(발키리) / 클로로페나피르+클로티아니딘(스트라이크)
	13+25a	클로로페나피르+사이에노피라펜(선캡)
	15	플로페녹수론(카스케이드, 충애존)
	15+13	비스트리플루론+클로로페나피르(레이서)
	20b	아세퀴노실(가네마이트)
	20d+12b	비페나제이트+펜부타틴 옥사이드(피리처)
	20d+21a	비페나제이트+피리다벤(완봉)
	20d+23	비페나제이트+스피로메시펜(코드원)
	21a	테부펜피라드(피라니카) / 피리다벤(램제트)
	23	스피로메시펜(지존)
	25a	싸이에노피라펜(쇼크) / 싸이플로메토펜(파워샷, 응원)
	25a+10b	싸이에노피라펜+에톡사졸(컷다운)
	25a+15	싸이에노피라펜+플루페녹수론(집중마크)
	25b	피플루뷰마이드(노블레스)

적용해충	작용기작	상 표 명
목화진딧물	3a	비펜트린(타스타)
	3a+4a	비펜트린+이미다클로프리드(천하무적) / 비펜트린+티아메톡삼(테라피)
	3a+13	비펜트린+클로로페나피르(썬캐치)
	4a (니코틴계)	디노테프란(오신, 팬텀) / 아세타미프리드(모스피란, 스파르타, 슈퍼칸, 신엑스, 애피다이, 충간다, 히든키) / 치아클로프리드(칼립소)
	4a+4c	아세타미프리드+설폭사플로(힘센)
	4a+5	디노테푸란+스피네토람(격파)
	4a+6	아세타미프리드+에마켁틴벤조에이트(살무사)
	4a+9b	아세타미프리드+피메트로진(커버스, 에버킹)
	4a+15	아세타미프리드+디플루벤주론(천하평정) / 아세타미프리드+플루페녹수론(모카스) / 클로티아니딘+플루펜녹수론(더블포인트) / 아세타미프리드+루페루론(젠토론)
	4a+18	아세타미프리드+메톡시페노자이드(펀치볼)
	4a+22a	아세타미프리드+인독사카브(맹타)
	4a+28	아세타미프리드+플루벤디아마이드(진검)
	4c	설폭사플로(트랜스폼, 스트레이트)
	6+4a	아바멕틴+아세타미프리드(타이틀)
	6+29	에마멕틴 벤조에이트+플로니카미드(기대찬)
	9b	피메트로진(플래넘, 우수수)
	18+4a	메톡시페노자이드+티아클로프리드(에스지블루밍)
	23	스피로테트라멧(모벤토)
	28	사이안트라닐리프롤(베리마크, 베네비아)
	28+4a	클로란트라닐리프롤+디노테퓨란(큐어링)
	28+29	클로란트라닐리프롤+플루니카미드(매니아)
	29	플로니카미드(헥사곤, 세티스, 보스카, 비팀목)
	29+4a	플로니카미드+티아클로프리드(재규어)
	29+4c	플로니카미드+설폭사플로(빅스톤)
작은뿌리파리	1b	카두사포스(아파치, 럭비 입제)
	3a+4a	비펜트린+이미다클로프리드(천하무적) / 비펜트린+클로티아니딘(빗장)
	3a+13	비펜트린+클로로페나피르(썬캐치)
	4a	디노테푸란(오신, 팬텀) / 아세타미프리드(모스피란, 샤프킬) / 티아메톡삼(아타라, 아라치)
	4a+15	아세타미프리드+디플루벤주론(천하평정) / 아세타미프리드+루페뉴론(젠토런) / 아세타미프리드+플루페녹수론(모카스) / 아세타미프리드+노발루론(코모란)
	5	스피네토람(델리게이트)
	6+4a	아바멕틴+아세타미프리드(온사랑) / 아바멕틴+디노테퓨란(번아웃)
	6+6	아바멕틴+에마멕틴벤조에이트(아벰)
	6+15	아바멕틴+류페루론(안티섹트)
	13	클로로페나피르(섹큐어, 렘페이지)
	13+30	클로로페나피르+플룩사메타마이드(타르보),
	15	루페뉴론(매치, 파밤탄, 젠토나방킬) / 클로플루아주론(아타브론) / 테플루벤주론(노몰트)
	15+4a	디플루벤주론+이미다클로프리드(신속타)
	15+4C	디플루벤주론+설폭사플로르(명검)
	18+4a	메톡시페노자이드+티아클로프리드(에스지블루밍)
	22b	메타플루미존(벨스모)
	28	사이안트라닐리프롤(베리마크, 프로큐어) / 사이클라닐리프롤(라피단)
	30	플룩사메타마이드(캡틴,다트롤)
	미분류	디메틸디설파이드(팔라딘)

적용해충	작용기작	상 표 명
담배거세미나방	4a+18	아세타미프리드+메톡시페노자이드(펀치볼)
	18+5	메톡시페노자이드+스피네토람(제왕)
	22a+5	인독사카브+스피노사드(원파워)
	22b	메타플루미존(벨스모)
	28+15	플루벤디아마이드+테플루벤주론(한창)
파밤나방	3a+15	싸이할로트린+루페뉴론(갈라자비)
	3a+4c	람다-싸이할로트린+설폭사플로(백만장자)
	4a+15	아세타미프리드+디플루벤주론(천하평정) / 아세타미프리드+플루페녹수론(모카스) / 클로티아니딘+플루페녹수론(더블포인트)
	4a+22a	아세타미프리드+인독사카브(맹타)
	4a+28	아세타미프리드+플루벤디아마이드(진검)
	4a+3a	아세타미프리드+에토펜프록스(만장일치)
	4a+6	아세타미프리드+에마멕틴 벤조에이트(살무사)
	5	스피네토람(엑설트)
	6	에마멕틴 벤조에이트(닥터팜, 말라타, 리차팜, 리치팜플러스, 올킹, 에이팜, 쎈풍, 킹팜골드, 타미칸, 트라제)
	6+5	아바멕틴+스피네토람(더블킥)
	6+29	에마멕틴 벤조에이트+플루니카미드(기대찬)
	13+4a	클로로페나피르+클로티아니딘(스트라이크)
	15	루발루론(라이몬) / 루페뉴론(나방스타, 렉스턴, 매치, 아재샷, 충저지, 파밤탄, 활주로) / 클로플루아주론(아타브론) / 플루페녹수론(홍두깨)
	15+22a	플루페녹수론+인독사카브(박사내)
	18	메톡시페노자이드(팔콘, 런너)
	18+4a	메톡시페노자이드+티아클로프리드(에스지블루밍)
	22a	인독사카브(블랙폭스, 사로트, 스튜어드울트라, 암메이트, 암메이트에스, 어바운트, 종결자, 파라독스)
	22b	메타플루미존(앨버드)
	28 (디아마이드계)	플루벤디아마이드(애니충) / 클로란트라닐리프롤(알타코아, 프레바톤) / 사이안트라닐리프롤(토리치) / 사이클라닐리프롤(리피탄) / 테트라닐리프롤(바이고)
	28+4a	플루벤디아마이드+티아클로프리드(신나고)
	28+29	클로란트라닐리프롤+플로니카미드(매니아)
	30	플룩사메타마이드(캡틴)
	미분류	피리다닐(알지오)

*주의사항 : 사용 전 딸기 등록약제 여부를 농약정보서비스(http://pis.rda.go.kr)을 통해 다시 한번 확인해 주십시오.

■ 살충제 작용기작별 분류기준

표시기호	작용기작	표시기호	작용기작
1	아세틸콜린에스터라제 기능 저해(신경작용)	15	0형 키틴합성 저해(생장조절)
2	GABA 의존 Cl 통로 억제(신경작용)	16	l형 키틴합성 저해(생장조절)
3	Na 통로 조절(신경작용)	17	파리목 곤충 탈피 저해 (생장조절)
4	신경전달물질 수용체 차단(신경작용)	18	탈피호르몬 수용체 기능 활성화(생장조절)
5	신경전달물질 수용체 기능 활성화(신경작용)	19	옥토파민 수용체 기능 활성화(신경작용)
6	Cl 통로 활성화(신경과 근육작용)	20	전자전달계 복합체Ⅲ 저해(에너지대사)
7	유약호르몬 작용(생장조절)	21	전자전달계 복합체 I 저해(에너지대사)
8	다점저해(훈증제)	22	전위 의존 Na 통로 차단(신경작용)
9	현음기관 TRPV 통로 조절(신경작용)	23	지질생합성 저해(지질합성, 생장조절)
10	응애류 생장저해(생장조절)	24	전자전달계 복합체Ⅳ 저해(에너지대사)
11	미생물에 의한 중장 세포막 파괴(BT제)	25	전자전달계 복합체 II 저해(에너지대사)
12	미토콘드리아 ATP합성효소 저해(에너지대사)	28	라이아노딘 수용체 조절(신경과근육작용)
13	수소이온 구배형성 저해(에너지대사)	29	현음기관 조절 – 정의되지 않은 작용점(신경작용)
		30	GABA 의존 Cl 통로 조절
14	신경전달물질 수용체 통로 차단(신경작용)	미분류	작용기작 불명

■ 딸기등록 입제

품목명	상표명	병해충
프로클로라츠 망가니즈	스포르곤	탄저병
플룩사피록사드+피라클로스트로빈	미리본	시들음병
다조멧	밧사미드	시들음병
카두사포스	아파치/럭비	작은뿌리파리
테플루트린+티아메톡삼	테라피	진딧물
아세타미프리드	모스피란	진딧물
포스치아제이트	선충탄, 호크아이	잎선충
플루오피람	벨룸	뿌리썩이선충
이미시아포스	네마킥	뿌리썩이선충

* 수경재배에는 베드면적 계산 사용 : 수경재배면적은 토경면적의 약 1/5

■ 딸기등록 훈연제

품목명	상표명	병해충
아세타미프리드	히든키	진딧물
비펜트린	타스타	진딧물
비펜트린+클로로페나피르	썬캐치	점박이응애, 작은뿌리파리, 목화진딧물, 땅강아지

■ 네오니코티노이드계 살충제(꿀벌 감소 원인)

– 유럽 규제 품목(등록약제 적색 표시) : 클로티아니딘, 이마다클로프리드, 티아메톡삼
– 추후 검토 품목 : 아세타미프리드, 티아클로프리드

고품질 우량묘 생산을 위한

딸기 촉성재배 육묘기술

초판 인쇄 2024년 03월 25일
초판 발행 2024년 03월 29일

집필인 | 대표저자 이인하(충청남도농업기술원 딸기연구소)
공동저자 이병주(충청남도농업기술원 딸기연구소)
김현숙(충청남도농업기술원 딸기연구소)
남명현(충청남도농업기술원 딸기연구소)
이희철(충청남도농업기술원 딸기연구소)
유제혁(충청남도농업기술원 딸기연구소)
최종명(충남대학교)

발행인 김갑용

발행처 진한엠앤비
주소 서울시 서대문구 독립문로 14길 66 205호(냉천동 260)
전화 02) 364 - 8491(대) / 팩스 02) 319 - 3537
홈페이지주소 http://www.jinhanbook.co.kr
등록번호 제25100-2016-000019호 (등록일자 : 1993년 05월 25일)
ⓒ2024 jinhan M&B INC, Printed in Korea

ISBN 979-11-290-5224-7 (93520)   [정가 13,000원]

☞ 이 책에 담긴 내용의 무단 전재 및 복제 행위를 금합니다.
☞ 잘못 만들어진 책자는 구입처에서 교환해 드립니다.
☞ 본 도서는 [공공데이터 제공 및 이용 활성화에 관한 법률]을 근거로 출판되었습니다.